应用型系列教材

U0192667

C 语言程序设计

王佐兵　田华　肖川　王红华　主编

郑美珠　程继洪　王红艳　解朦朦　副主编

电子工业出版社

Publishing House of Electronics Industry

北京·BEIJING

内 容 简 介

C 语言程序设计是计算机、电气工程、自动化等专业都要学习的基础课程，也是 Java 程序设计、面向对象程序设计、数据结构、操作系统、单片机等专业课程的先修课程。本书通过循序渐进的内容安排、通俗易懂的讲解、丰富的实例教学，希望学生能够掌握 C 语言的基本内容，并具有一定的程序设计能力。

全书分为 9 章，包括初识 C 语言、C 语言基础、数据的输入/输出、选择结构、循环结构、数组、函数、指针、自定义数据类型。所有知识都结合具体实例进行介绍，涉及的程序代码大多给出了注释说明，可以使学生轻松领会 C 语言程序设计的精髓，快速提高 C 语言程序开发的技能。

图书在版编目（CIP）数据

C 语言程序设计 / 王佐兵等主编. — 北京：电子工业出版社，2021.5

ISBN 978-7-121-35754-1

Ⅰ．①C… Ⅱ．①王… Ⅲ．①C 语言－程序设计－高等学校－教材 Ⅳ．①TP312.8

中国版本图书馆 CIP 数据核字（2018）第 269149 号

责任编辑：朱怀永　　　　特约编辑：田学清

印　　刷：北京市大天乐投资管理有限公司

装　　订：北京市大天乐投资管理有限公司

出版发行：电子工业出版社

　　　　　北京市海淀区万寿路 173 信箱　　　邮编：100036

开　　本：787×1092　1/16　　印张：16　　　字数：378 千字

版　　次：2021 年 5 月第 1 版

印　　次：2021 年 5 月第 1 次印刷

定　　价：45.80 元

凡所购买电子工业出版社图书有缺损问题，请向购买书店调换。若书店售缺，请与本社发行部联系，联系及邮购电话：（010）88254888，88258888。

质量投诉请发邮件至 zlts@phei.com.cn，盗版侵权举报请发邮件至 dbqq@phei.com.cn。

本书咨询联系方式：（010）88254608，zhy@phei.com.cn。

前　言

C 语言是一门面向过程的计算机编程语言，设计目标是提供一种能以简易的方式编译、处理低级存储器、仅产生少量的机器码及不需要任何运行环境支持便能运行的编程语言。C 语言描述问题比汇编语言描述问题更简单，工作量小，可读性好，易于调试、修改和移植代码，而代码质量可以与汇编语言相媲美。

目前"C 语言程序设计"课程仍是不少高校计算机及相关专业重要的基础课程，其教学目标不仅在于使学生掌握 C 语言的语法规则，而且更在于培养学生使用 C 语言进行程序设计的能力。学好该课程不仅可以为后续课程的学习打好基础，也可以为软件开发打下基础。

C 语言程序设计是一门实践性很强的课程，书中每一章节都给出了丰富的实例，学生通过实例练习能够比较容易地掌握相关知识点，再配合课后习题，使学生进一步加深巩固相关理论知识，初步具备一定的编程能力。本书根据需要在各章节中添加了很多"注意"和"说明"等小栏目，让学生能够在学习过程中更加轻松地理解相关知识点及概念，更加快速地掌握个别技术的应用技巧。

要想学好 C 语言，需要透彻理解书中的概念，并配合大量实例进行学习。要想提高程序设计应用水平，就要多看一些程序设计应用方面的书籍。总之，编程是靠编出来的，而不是靠看出来的。在调试程序时，遇到问题应该尽量自己解决，实在解决不了，可以请教老师，或者通过学习网站解决问题可以达到事半功倍的效果。坚持下去，相信不久你就会成功。以上所述，旨在抛砖引玉，若有不当，敬请见谅！

本书由烟台南山学院王佐兵、田华、肖川、郑美珠、王红华、程继洪、王红艳、解朦朦编写。南山集团技术中心对本书提供了大量指导。

在编写本书过程中，编者参考了大量有关 C 语言程序设计的书籍和资料，在此对这些书籍和资料的编者表示感谢。

由于编者水平有限，书中难免存在一些疏漏和不足，希望同行专家和广大读者给予批评指正，以便再版时修改。

编　者

目　录

第1章　初识 C 语言 1

1.1　C 语言的发展历史 1

1.2　C 语言的特点 2

1.3　第一个 C 程序 3

1.4　C 程序开发流程 5

课后习题 7

第2章　C 语言基础 9

2.1　标识符 9

2.1.1　C 语言的字符集 9

2.1.2　关键字 9

2.1.3　标识符 10

2.2　数据类型 10

2.3　常量和变量 11

2.3.1　常量 11

2.3.2　变量 14

2.3.3　整型变量 14

2.3.4　实型变量 16

2.3.5　字符型变量 17

2.3.6　变量初始化 19

2.3.7　各类数值型数据之间的混合运算 19

2.4　运算符和表达式 20

2.4.1　运算符简介 20

2.4.2　算术运算符 21

2.4.3　赋值运算符和赋值表达式 23

2.4.4　逗号运算符和逗号表达式 24

2.5　常见错误 24

课后习题 26

第 3 章　数据的输入/输出 30

3.1　C 语句的分类 30

3.2　程序的三种基本结构 31

3.3　数据输入/输出的概念 33

3.4　字符输入/输出函数 34

    3.4.1　字符输出函数 putchar() 34

    3.4.2　字符输入函数 getchar() 34

3.5　格式输入/输出函数 35

    3.5.1　格式输出函数 printf() 35

    3.5.2　格式输入函数 scanf() 38

3.6　程序举例 41

3.7　常见错误 42

课后习题 43

第 4 章　选择结构 49

4.1　关系运算 49

    4.1.1　关系运算符及优先级 49

    4.1.2　关系表达式 49

4.2　逻辑运算 50

    4.2.1　逻辑运算符及优先级 50

    4.2.2　逻辑表达式 51

4.3　if 语句 52

    4.3.1　if 语句的三种基本形式 52

    4.3.2　if 语句的嵌套 56

    4.3.3　条件运算符 58

4.4　switch 语句 59

4.5　程序举例 61

4.6　常见错误 63

课后习题 64

第 5 章　循环结构...73

　5.1　while 语句...73

　5.2　do...while 语句..75

　5.3　for 语句...78

　5.4　循环嵌套...81

　5.5　辅助控制语句...82

　　　5.5.1　break 语句...82

　　　5.5.2　continue 语句...83

　5.6　goto 语句...85

　5.7　程序举例...85

　5.8　常见错误...88

　课后习题..89

第 6 章　数组...101

　6.1　一维数组...101

　　　6.1.1　一维数组的定义...101

　　　6.1.2　一维数组元素的引用...102

　　　6.1.3　一维数组的初始化...103

　6.2　二维数组...106

　　　6.2.1　二维数组的定义...106

　　　6.2.2　二维数组元素的引用...107

　　　6.2.3　二维数组的初始化...107

　6.3　字符数组...110

　　　6.3.1　字符数组的定义...110

　　　6.3.2　字符数组元素的引用...110

　　　6.3.3　字符数组的初始化...110

　　　6.3.4　字符串及其结束标志...110

　　　6.3.5　字符数组的输入/输出...111

　　　6.3.6　字符串处理函数...112

　6.4　程序举例...117

　6.5　常见错误...120

　课后习题..121

第 7 章　函数 128

7.1　函数概述 128

7.2　函数的定义 130

7.2.1　无参函数的定义 130

7.2.2　有参函数的定义 131

7.3　函数的参数和函数的值 133

7.3.1　形参和实参 133

7.3.2　函数的返回值 134

7.4　函数的调用 135

7.4.1　函数调用的语法格式 135

7.4.2　函数调用的方式 135

7.4.3　函数的声明 136

7.5　函数的嵌套调用 138

7.6　函数的递归调用 139

7.7　数组作为函数的参数 143

7.7.1　数组元素作为函数实参 143

7.7.2　数组名作为函数的参数 144

7.8　局部变量和全局变量 145

7.8.1　局部变量 146

7.8.2　全局变量 147

7.9　变量的存储类型 149

7.9.1　静态存储方式与动态存储方式 149

7.9.2　auto 变量 149

7.9.3　使用 static 声明局部变量 150

7.9.4　register 变量 151

7.9.5　使用 extern 声明外部变量 151

7.10　程序举例 152

7.11　常见错误 154

课后习题 156

第 8 章　指针 165

8.1　地址指针的基本概念 165

8.2　变量的指针和指向变量的指针变量 166

8.2.1 定义一个指针变量 167

8.2.2 指针变量的引用 167

8.2.3 指针变量的几点说明 170

8.3 数组的指针和指向数组的指针变量 172

8.3.1 指向数组元素的指针 172

8.3.2 指向多维数组的指针和指针变量 176

8.4 指针作为函数参数 180

8.5 字符串的指针和指向字符串的指针变量 185

8.5.1 字符串的表示形式 185

8.5.2 使用字符串指针变量与字符数组的区别 188

8.6 函数的指针和指向函数的指针变量 189

8.7 返回指针值的函数 191

8.8 指针数组和指向指针变量的指针变量 192

8.8.1 指针数组的概念 192

8.8.2 指向指针的指针变量 194

8.8.3 main()主函数的参数 196

8.9 有关指针的数据类型和指针运算的总结 197

8.9.1 有关指针的数据类型的总结 197

8.9.2 有关指针运算的总结 197

8.9.3 void 指针类型 198

8.10 常见错误 198

课后习题 199

第 9 章 自定义数据类型 208

9.1 结构体类型 208

9.1.1 定义一个结构的语法格式 208

9.1.2 结构体变量的定义 209

9.1.3 结构体变量成员的引用 211

9.1.4 结构体变量的初始化 212

9.1.5 结构体数组 214

9.1.6 结构体指针变量的定义和使用 216

9.2 共用体 219

9.2.1 共用体的定义 219

9.2.2 共用体变量的定义和使用 220

9.3 链表 221

　　9.3.1 动态存储分配 221

　　9.3.2 链表的概念 223

　　9.3.3 链表的基本操作 224

9.4 枚举类型 227

　　9.4.1 枚举类型的定义和枚举变量的说明 227

　　9.4.2 枚举变量的赋值和使用 228

9.5 用 typedef 定义类型 229

9.6 常见错误 230

　　课后习题 232

附录 A　C 语言 ASCII 码表 239

附录 B　C 语言运算符优先级 240

附录 C　C 语言常用函数 242

第 1 章

初识 C 语言

1.1 C 语言的发展历史

C 语言的原型为 ALGOL 60 语言（也称为 A 语言）。

1963 年，剑桥大学将 ALGOL 60 语言发展为 CPL 语言。

1967 年，剑桥大学的 Matin Richards 对 CPL 语言进行了简化，出现了 BCPL 语言。

1970 年，美国贝尔实验室的 Ken Thompson 将 BCPL 语言进行了修改，并为它起了一个有趣的名字"B 语言"，意思是提炼 CPL 语言的精华，并且使用 B 语言编写了第一个 UNIX 操作系统。

1973 年，美国贝尔实验室的 D.M.Ritchie 在 B 语言的基础上设计出了一种新的语言，他取了 BCPL 的第二个字母作为新语言的名字，这就是"C 语言"。

1978 年，美国电话电报公司（AT&T）贝尔实验室正式发表了 C 语言。同时由 B.W.Kernighan 和 D.M.Ritchie 合著了 *The C Programming Language* 一书，并在附录中提供了 C 语言参考手册。这本书成为以后人们广泛使用的 C 语言的基础，被称为非官方的 C 语言标准。

1983 年，美国国家标准协会（American National Standards Institute，ANSI）在此基础上制定了一个 C 语言标准，通常称为 ANSI C。

1989 年，ANSI 发布了第一个完整的 C 语言标准——ANSI X3.159—1989，简称"C89"，不过人们仍习惯称其为"ANSI C"。

1990 年，国际标准化组织（International Organization for Standards，ISO）接受了 ANSI C 为 ISO C 的标准（ISO9899—1990）。

1994 年，ISO 修订了 C 语言的标准。

1995 年，ISO 对 C 语言标准进行了修订，即"1995 基准增补 1（ISO/IEC/9899/ AMD1:1995）"。

1999 年，ISO 又对 C 语言标准进行了修订，在基本保留原来 C 语言特征的基础上，针对需求增加了一些功能，并命名为 ISO/IEC9899—1999。

2001 年和 2004 年，ISO 先后对 C 语言标准进行了两次修订。

2011 年 12 月 8 日，ISO 正式公布 C 语言新的国际标准草案 ISO/IEC 9899—2011，即 C11。

目前，流行的 C 语言编译系统大多是以 ANSI C 为基础进行开发的，不同版本的 C 编译系统所实现的语言功能和语法规则又略有差别。

1.2 C 语言的特点

C 语言是作为描述系统的语言而设计的，随着其日益广泛的应用，特别是 20 世纪 80 年代以后各种微机 C 语言的普及，它已经成为众多程序员喜爱的语言之一，其使用范围覆盖了计算机的诸多领域，如操作系统、编译程序、数据库管理程序、过程控制、图形图像处理等。

C 语言具有以下几个特点。

（1）C 语言简洁、紧凑，使用方便、灵活，一共有 32 个关键字，如表 1-1 所示。有 9 种控制语句，程序书写自由，主要使用小写字母表示。

表 1-1 C 语言关键字

auto	break	case	char	const	continue	default
do	double	else	enum	extern	float	for
goto	if	int	long	register	return	short
signed	static	sizof	struct	switch	typedef	union
unsigned	void	volatile	while			

（2）运算符丰富，共有 34 种运算符。C 语言把括号、赋值、逗号等都作为运算符处理，从而使 C 语言的运算类型极为丰富，可以实现其他高级语言难以实现的运算。

（3）数据结构类型丰富。C 语言的数据类型有整型、实型、字符型、数组类型、指针类型、结构体类型、共用体（联合）类型等，能用来实现复杂的数据结构（链表、树、栈、图）的运算。

（4）具有结构化的控制语句，9 种控制语句可以实现结构化的程序设计。C 程序由若干程序文件组成，一个程序文件由若干函数构成。利用函数作为程序的模块，便于按照模块化的方式组织程序，使得程序结构层次清晰，易于调试和维护。

（5）语法限制不太严格，程序设计自由度大。一般的高级语言语法检查比较严格，能检查出几乎所有的语法错误，而 C 语言允许程序员有较大的自由度，因此放宽了语法检查。

（6）C 语言允许直接访问物理地址，能够进行位（bit）操作，实现汇编语言的大部分功能，可以直接对硬件进行操作，因此有人把 C 语言称为中级语言。

（7）生成目标代码质量高，程序执行效率高，可移植性好。C 语言在不同机器上的编译程序，有 86% 的代码是公共的，所以 C 语言的编译程序便于移植。在一个环境上用 C 语言编写的程序，不用修改或稍加修改，就可以移植到另一个完全不同的环境中运行。

1.3 第一个C程序

【例1-1】在屏幕上显示"欢迎你走进C语言的世界！"，代码如下：

```
#include<stdio.h>                    //文件包含命令
main()                               //主函数
{
printf("欢迎你走进C语言的世界!\n");    //输出语句
}
```

我们怎样来实现这个程序呢？

（1）启动 Microsoft Visual C++ 6.0（简称 VC 6.0）如图1-1所示。

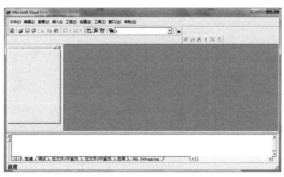

图1-1 启动 VC 6.0

（2）新建文本文件，输入例题内容，如图1-2所示。

图1-2 输入例题内容

（3）将文件保存为1_1.c，如图1-3所示。

图1-3 保存文件

（4）编译源程序，如图 1-4 所示。

图 1-4　编译源程序

（5）生成 exe 文件，如图 1-5 所示。

图 1-5　生成 exe 文件

（6）运行程序，查看运行结果，如图 1-6 和图 1-7 所示。

图 1-6　运行程序

图 1-7　程序运行结果

说明：

（1）函数是程序的基本组成单位，一个程序可以由一个或多个函数组成。

（2）一个程序有且仅有一个 main() 函数（主函数）。

（3）无论 main() 函数在整个程序中的位置如何，一个 C 程序总是从 main() 函数开始执行的。

（4）每条 C 语句均以分号结束。

（5）{ } 是函数开始和结束的标志，不可省略。

（6）C 语言本身没有输入/输出语句。输入和输出的操作是由库函数 scanf() 和 printf() 等来完成的。printf() 函数的作用是将指定的内容输出到屏幕上。

（7）用户可以对源程序加上必要的注释，以增加程序的可读性。/*…*/用于多行注释，//用于单行注释。

（8）为了避免遗漏必须配对使用的符号，如注释符号、函数体的起止标识符（花括号、圆括号等），在输入时，可以连续输入函数体的起止标识符，在其中插入相应的内容来完成编辑。

（9）一个 C 语言的源程序可以由一个或多个源文件组成。

1.4　C 程序开发流程

C 程序开发流程大体可以分为编辑、编译、连接、运行 4 个步骤，如图 1-8 所示。

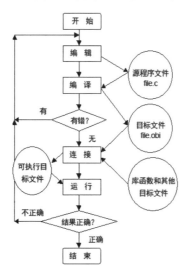

图 1-8　C 程序开发流程

1．编辑

编辑就是创建、修改源程序并把它输入计算机的过程。C 语言的源程序是以文本文件的形式存储在磁盘上的，其后缀名为.c。源程序文件的编辑可以使用任何文本编辑器来完成（记事本、Word 等），一般使用编译器本身集成的编辑器进行编辑。

2．编译

将源程序翻译成计算机能识别的二进制代码文件的过程就称为编译，这个工作由 C 语言编译器完成，编译程序会对源程序进行语法检查，如果无错误则会生成目标代码并对其进行优化，最后生成与源程序文件同名的目标文件（后缀名为.obj）。

编译前一般先要进行预处理，如进行宏代换、包含其他文件等。

如果源程序出现错误，则编译器一般会指出错误的种类及位置，此时就要返回第一步修改源程序文件，再重新编译，如图 1-9 所示。

图 1-9　编译错误提示

3．连接

编译形成的目标代码还不能在计算机上直接运行，必须将其与库文件进行连接处理，这个过程由连接程序自动进行，连接后就会生成可执行文件（后缀名为.exe）。如果连接出现错误同样需要返回第一步修改源程序文件，直到修改正确为止，如图 1-10 所示。

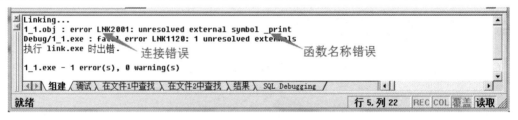

图 1-10　连接错误提示

4．运行

一个 C 语言的源程序经过编译、连接后就生成了可执行文件。要运行此文件，可以通过集成开发环境窗口中的运行菜单，也可在 DOS 系统的命令行窗口中输入文件名后再按 Enter 键，或者在 Windows 系统中双击该文件名即可。

程序运行后，根据输出的结果判断程序是否还存在其他方面的错误。编译时产生的错误属于语法错误，而运行时出现的错误一般是逻辑错误。当出现逻辑错误时需要修改该程序的原算法，重新进行编辑、编译、连接和运行，直到程序完全正确为止。

课后习题

一、选择题

1. 一个 C 程序的执行是从_____。

    A. 本程序的 main() 函数开始的，到 main() 函数结束

    B. 本程序文件的第一个函数开始的，到本程序文件的最后一个函数结束

    C. 本程序的 main() 函数开始的，到本程序文件的最后一个函数结束

    D. 本程序文件的第一个函数开始的，到本程序 main() 函数结束

2. 以下叙述正确的是_____。

    A. 在 C 程序中，main() 函数必须位于程序的最前面

    B. C 程序的每行中只能写一条语句

    C. C 语言本身没有输入/输出语句

    D. 在对一个 C 程序进行编译的过程中，可发现注释中的拼写错误

3. C 程序由_____组成。

    A. 子程序　　　　　　　　　　B. 主程序和子程序

    C. 函数　　　　　　　　　　　D. 过程

4. 下面属于 C 语句的是_____。

    A. printf("%d\n",a)　　　　　B. /* This is a statement */

    C. x=x+1;　　　　　　　　　D. #include <stdio.h>

5. 以下叙述不正确的是_____。

    A. 一个 C 程序可以由一个或多个函数组成

    B. 一个 C 程序必须包含一个 main() 函数

    C. C 程序的基本组成单位是函数

    D. 在 C 程序中，注释说明只能位于一条语句的后面

6. 源程序要正确地运行，必须要有_____。

    A. printf() 函数　　　　　　　B. 自定义的函数

    C. main() 函数　　　　　　　D. 不需要函数

7. 以下叙述错误的是_____。

    A. C 语言中的语句结束标志是句号（。）

    B. C 语言不提供输入/输出语句

    C. C 程序中的注释可以出现在程序的任何位置

    D. C 语言中的关键字必须小写

二、填空题

1. C 程序开发经过的 4 个步骤是_____、_____、_____、_____。

2. C 语言的源程序经过编辑后生成的源程序文件的扩展名是_____。

3. C 语言的源程序经过编译后生成的目标文件的扩展名是_____。

4. C 语言的源程序经过编译和连接后生成的可执行文件的扩展名是_____。

5. C 程序中的每条语句最后以_____结束。

6. 用户可以使用_____对 C 程序中的任何部分做注释。

三、编程题

请参照本章例题，编写一个 C 程序，输出以下内容。

```
******************************

        太高兴了！

    我自己也可以编写程序了！

******************************
```

第 2 章

C 语言基础

2.1 标识符

2.1.1 C 语言的字符集

字符是组成语言的最基本的元素。Times New Roman 语言字符集由字母、数字、空白符、标点和特殊字符组成。在字符常量、字符串常量和注释中还可以使用汉字或其他可以表示的图形符号。

1. 字母

共有 26 个小写字母 a～z。

共有 26 个大写字母 A～Z。

2. 数字

共有 10 个数字，即 0、1、2、3、4、5、6、7、8、9。

3. 空白符

空格符、制表符、换行符等统称为空白符。空白符只在字符常量和字符串常量中起作用，在其他地方出现时，只起到间隔作用，编译程序对它们忽略不计。在程序中适当的地方使用空白符将增加程序结构层次的清晰性和可读性。

4. 标点和特殊字符

标点：逗号（,）、分号（;）、方括号（[]）、花括号（{}）等。

特殊字符：加号（+）、减号（-）、百分号（%）、乘号（*）等。

2.1.2 关键字

关键字是由 C 语言规定的具有特定意义的字符串，通常也称为保留字，主要用于构成语句，进行存储类型和数据类型的定义。C 语言的关键字分为以下几类。

1. 类型说明符

类型说明符用于定义、说明变量、函数或其他数据结构的类型。

2. 语句定义符

语句定义符用于表示一个语句的功能。

3．预处理命令字

预处理命令字用于表示一个预处理命令，如 include。

2.1.3 标识符

标识符就是用来标识变量名、符号常量名、函数名、类型名、文件名等的有效字符序列。标识符的命名规则如下。

（1）标识符只能由字母（A～Z，a～z）、数字（0～9）和下画线（_）组成，并且其第一个字符必须是字母或下画线。

以下标识符是合法的：

```
a, x,  x3, BOOK_1, sum5,_x
```

以下标识符是非法的：

```
3s           //以数字开头
s*T          //出现非法字符*
-3x          //以减号开头
Good bye      //中间留有空格
```

（2）在标识符中，要注意区分字母的大小写。例如，BOOK 和 book 是两个不同的标识符。

（3）标识符虽然可以由用户随意定义，但标识符是用于标识某个量的符号。因此，命名应该尽量有相应的意义，以便于用户阅读理解，做到"见名知意"。通常，应该选择能够表示数据含义的英文单词（或缩写）作为变量名，或者汉语拼音作为变量名。例如，name/xm（姓名）、sex/xb（性别）、age/nl（年龄）、salary/gz（工资）。

（4）用户定义标识符时，尽量不要使用下画线开头。因为编译器预留的名字大多是以下画线开头的，容易造成命名冲突。

（5）不能使用关键字作为用户自定义的标识符。

（6）标识符中尽量避免使用容易混淆的字符。例如，小写字母 l 和数字 1，以及大写字母 I、O 和数字 0 都是比较容易混淆的字符。

2.2 数据类型

许多人将把计算机程序与菜谱进行类比。菜谱中规定了厨师烹饪的步骤，就像计算机程序中一条条指令规定了计算机应该怎样运行。菜谱中的指令总是把各种食品原料当作自己操作的对象，而计算机要处理的对象就是数据。

图 2-1 列出了 C 语言所能处理的各种数据类型。

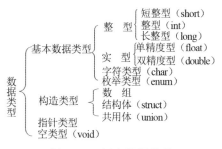

图 2-1　C 语言数据类型

从图 2-1 中可以看出，C 语言数据类型可以分为：基本数据类型、构造类型、指针类型、空类型四大类。

（1）基本数据类型：基本数据类型最主要的特点是其值不可以再分解为其他类型。

（2）构造类型：构造类型是根据已定义的一个或多个数据类型用构造的方法来定义的。也就是说，一个构造类型的值可以分解成若干个"成员"或"元素"。每个"成员"都是一个基本数据类型或一个构造类型。

（3）指针类型：指针是一种特殊的，同时又是具有重要作用的数据类型，其值用来表示某个变量在内存储器中的地址。

（4）空类型：在调用函数值时，通常向调用者返回一个函数值，这个返回的函数值具有一定的数据类型，应该在函数定义及函数说明中给以说明。例如，在数学中经常用到的求平方根函数 sqrt() 的定义中，函数头为 double sqrt(double x)，其中"double"类型说明符表示该函数的返回值为双精度浮点型。但是，也有一类函数，调用后并不需要向调用者返回函数值，这种函数可以定义为"空类型"，其类型说明符为 void。

在本章中，我们先介绍基本数据类型中的整型、浮点型和字符型。其他类型将会在后面章节中陆续介绍。

2.3　常量和变量

2.3.1　常量

在程序运行过程中，其值不能被改变的量称为常量，常量一般从其字面形式即可判断，常量又被称为字面常量或直接常量。常量主要有 4 种基本类型，整型常量、实型常量、字符常量和字符串常量；还有一种表现形式不同的常量，即符号常量。

1．整型常量

（1）十进制形式：与数学上的整数表示相同。例如：12、-100、0。

（2）八进制形式：在数码前添加数字 0 。

例如，$012=1 \times 8^1 + 2 \times 8^0 = 10$（十进制数）

（3）十六进制形式：在数码前添加 0X（字母 X 大小写均可）。

例如，0x12=1×16^1+2×16^0=18（十进制数）

注意：

（1）八进制的数码范围为 0~7。例如，018、091、0A2 都是错误的八进制数表示。

（2）十六进制的数码除了数字 0~9，还使用英文字母 a~f（或 A~F）表示 10~15。例如，0x1e、0Xabcdef、0x1000 都是正确的十六进制数表示，而 0X2defg、0x100L 都是错误的十六进制数表示。

2．实型常量

（1）十进制形式：由数字和小数点组成（必须有小数点）。

例如，.123、123.、123.0、0.0。

（2）指数形式：由"十进制小数"+"e(E)"+"十进制整数"3 部分组成。

例如，12.3e3 或 12.3E3 都表示 12.3×10^3。

注意： 字母 e（E）前面必须有数字，字母 e（E）后面的指数必须为整数

（3）规范化的指数表示形式。

一个实数可以有多种指数表示形式，如 123.456 可以表示为 123.456e0、12.3456e1、1.23456e2、0.123456e3 等。规范化的指数表示形式是指小写字母 e 之前的小数部分中，小数点左边有且只能有一位非零的数字。

3．字符常量

（1）用一对单引号括起来的单个字符称为字符常量。

例如，'a'、'+'、'0'。

（2）转义字符。C 语言还允许使用一种特殊形式的字符常量——转义字符，转义字符以反斜杠"\"开头，后面跟一个或几个字符。转义字符具有特定的含义，不同于字符原有的意义，因此称为转义字符。例如，在第 1 章【例 1-1】中用到的"\n"就是一个转义字符，它的作用是换行。转义字符主要用来表示那些用一般字符不便于表示的控制代码。

常用转义字符及其说明如表 2-1 所示。

表 2-1　常用转义字符及其说明

字符形式	说　　明	ASCII 码值（十进制数）
\n	换行（LF），将当前位置移到下一行开头	10
\t	水平制表（HT），跳到下一个制表位	9
\b	退格（BS），将当前位置移到前一列	8
\r	回车（CR），将当前位置移到本行开头	13
\a	响铃（BEL），喇叭发出"滴"一声	7
\\	反斜杠字符	92
\'	单引号字符	39
\"	双引号字符	34
\ddd	1 到 3 位八进制数所代表的字符	
\xhh	1 到 2 位十六进制数所代表的字符	

广义地讲，C 语言字符集中的任何一个字符均可用转义字符来表示。表 2-1 中的 "\ddd" 和 "\xhh" 正是为此而提出的。"\ddd" 和 "\xhh" 分别为八进制数和十六进制数的 ASCII 码，如 "\101" 表示大写字母 "A"、"\102" 表示大写字母 "B"、"\134" 表示反斜杠和 "\x41" 表示大写字母 "A" 等。

【例 2-1】转义字符的使用，代码如下：

```
#include <stdio.h>
main()
{
  printf("  ab  c\tde\rf\n");
  printf("\101\x42\c\tL\bM\n");
}
```

4. 字符串常量

字符串常量是由一对双引号括起的字符序列。例如，" World "、" C program " 和 " $12.5 " 等都是合法的字符串常量。

字符串常量和字符常量是不同的量，它们之间主要有以下区别。

（1）字符常量由单引号括起来，字符串常量由双引号括起来。

（2）字符常量只能是单个字符，字符串常量则可以包含一个或多个字符。

（3）字符常量占一个字节的内存空间。字符串常量占的内存字节数等于字符串中字节数加 1。增加的一个字节中存放字符 " \0 "（ASCII 码值为 0），这是字符串结束的标志。

例如，字符串　" C program " 　在内存中的存储为

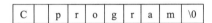

| C | | p | r | o | g | r | a | m | \0 |

字符常量'a'和字符串常量 " a " 是不同的。

| a |
| a | \0 |

5. 符号常量

在 C 语言中，用户可以使用一个标识符来表示一个常量，称为符号常量。

符号常量在使用之前必须先定义，语法格式如下：

```
#define 标识符 常量
```

其功能是把该标识符定义为后面的常量值。习惯上符号常量的标识符使用大写字母，变量标识符使用小写字母，以示区别。

【例 2-2】符号常量的使用，代码如下：

```
#include <stdio.h>                  //文件包含命令
#define PI 3.14159                  //定义符号常量，PI 代表 3.14159
main()                             //主函数
{
  float area;                      //定义程序中用到的变量
  area =10*10*PI;                  //计算半径为 10 的圆的面积
  printf("半径为 10 的圆的面积为%f\n",area); //输出圆的面积
}
```

运行结果为：

```
半径为 10 的圆的面积为 314.159
```

注意:
(1)符号常量一旦定义,在其作用域内不能被改变,不能再被重新赋值。
(2)使用符号常量的好处是,含义清楚,能做到"一改全改"。

2.3.2 变量

在程序运行中,其值可以改变的量称为变量。每个变量都具有以下 3 个要素。

(1)变量名:每个变量都必须有一个名字,用以相互区分。变量的命名要遵循标识符的命名规则。

(2)变量类型:不同类型变量在内存中所占的存储单元大小不同。

(3)变量值:变量代表计算机内存中的某一存储单元,该存储单元中存放的数据就是变量的值。在程序中,用户可以通过变量名来引用变量值。

变量存储单元示意图如图 2-2 所示。

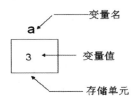

图 2-2　变量存储单元示意图

变量的使用应"先定义,后使用",这样做的优势如下。

(1)凡未被事先定义的不作为变量名,这样能保证程序中变量名使用正确。

(2)每一个变量被指定一个确定数据类型,在编译时就能为其分配相应的存储单元。

(3)指定每一变量属于一个数据类型,便于在编译时,以此检查该变量所进行的运算是否合法。

定义变量的语法格式如下:

```
类型标识符　变量名列表;
```

2.3.3 整型变量

在 C 语言中,用于存放整型数据的变量称为整型变量。

1. 整型变量的分类

整型变量使用关键字 int 表示。如"int i, j, k;"定义了 3 个整型变量 i、j 和 k。除了基本 int 型,还可以在关键字 int 前面加上修饰符来改变其意义,修饰符有:

- signed(有符号)。
- unsigned(无符号)。
- long(长型)。
- short(短型)。

由于整型的缺省形式是有符号的,所以 signed 可以不用添加,添加修饰符后,整型变量的形式有：

- short int 可简写为 short。
- long int 可简写为 long。
- unsigned int 可简写为 unsigned。
- unsigned short int 可简写为 unsigned short。
- unsigned long int 可简写为 unsigned long。

2．整型变量的存储

整型数据在内存中是以二进制的形式存储的，不同类型的变量在内存中所占的字节数不同，其对应的取值范围也有所不同。整型变量取值范围如表 2-2 所示。

表 2-2 整型变量取值范围

类型说明符	取 值 范 围		字节数
short	$-32768 \sim 32767$	即 $-2^{15} \sim (2^{15}-1)$	2
unsigned short	$0 \sim 65535$	即 $0 \sim (2^{16}-1)$	2
int	$-2147483648 \sim 2147483647$	即 $-2^{31} \sim (2^{31}-1)$	4
unsigned	$0 \sim 4294967295$	即 $0 \sim (2^{32}-1)$	4
long	$-2147483648 \sim 2147483647$	即 $-2^{31} \sim (2^{31}-1)$	4
unsigned long	$0 \sim 4294967295$	即 $0 \sim (2^{32}-1)$	4

有符号整数的第一位为符号位，正数为 0，负数为 1。各种无符号类型变量所占的内存空间字节数与相应的有符号类型变量相同。由于省略了符号位，所以不能表示负数。

有符号整数是以补码表示的。

- 正数的补码和原码相同。
- 负数的补码将该数的绝对值的二进制形式按位取反再加 1。

例如：

求-10 的补码：

10 的原码：

0	0	0	0	0	0	0	0	0	0	0	0	1	0	1	0

取反：

1	1	1	1	1	1	1	1	1	1	1	1	0	1	0	1

再加 1，得-10 的补码：

1	1	1	1	1	1	1	1	1	1	1	1	0	1	1	0

3．整型变量的定义

整理变量定义的语法格式如下：

```
类型说明符  变量名标识符,变量名标识符,···;
```

例如：

```
int a,b,c;        //a、b、c为整型变量
long x,y;         //x、y为长整型变量
```

```
unsigned m,n;    //m、n 为无符号整型变量
```

在定义变量时，应注意以下几点。

- 允许在一个类型说明符后面定义多个相同类型的变量，各变量名之间使用逗号隔开，类型说明符与变量名之间至少使用一个空格隔开。
- 最后一个变量名必须以 ";" 分号结尾。
- 定义变量必须放在变量使用之前，一般放在函数体的开头部分。

【例 2-3】整型变量的定义与使用，代码如下：

```
#include <stdio.h>
main()
{
int x,y,m,n;              //定义有符号整型变量
unsigned int ui;         //定义无符号整型变量
x=10;y=-14;ui=20;
m=x+y;                   //对两个有符号整型变量求和
n=y+ui;                  //对有符号整型变量和无符号整型变量求和
printf("x+y =%d, y+ui =%d\n", m,n);
}
```

运行结果为：

```
x+y =-4, y+ui =6
```

从上面运行结果中可以看到：不同类型的变量可以参与运算并相互赋值。变量类型的转换是由编译系统自动完成的。有关类型转换的规则将在后文中介绍。

思考： 短整型变量的最大值是 32767，如果对它加 1 会得到什么结果呢？试着自己编写一个程序看看结果是什么（可以使用补码知识来解释整型数据的溢出）？

2.3.4 实型变量

1. 实型变量的分类

实型变量分为：单精度型（float）、双精度型（double）和长双精度型（long double）3类。单精度型占 4 字节（32 位）内存空间，其数值范围为 $10^{-37} \sim 10^{38}$，最多提供 7 位有效数字。双精度型占 8 字节（64 位）内存空间，其数值范围为 $10^{-307} \sim 10^{308}$，最多提供 16 位有效数字。实型变量类型及其说明如表 2-3 所示。

表 2-3　实型变量类型及其说明

类型说明符	位数（字节数）	有效数字	数值范围
float	32（4）	6～7	$10^{-37} \sim 10^{38}$
double	64（8）	15～16	$10^{-307} \sim 10^{308}$
long double	128（16）	18～19	$10^{-4931} \sim 10^{4932}$

2. 实型变量的存储

实型变量一般占 4 字节（32 位）内存空间，按指数形式存储。实数 3.14159 在内存中的存储形式如下。

+	.14159	1
数符	小数部分	指数部分

- 小数部分占的位（bit）数越多，数据的有效数字越多，精度越高。
- 指数部分占的位数越多，能表示的数值范围越大。

在不同操作系统中，实型变量两部分所占位数也不同，大家了解其存储方式即可。

3. 实型变量的定义

实型变量定义的语法格式和书写规则与整型变量相同。

例如：

```
float x,y;        //x、y 为单精度实型变量
double a,b,c;      //a、b、c 为双精度实型变量
```

4. 实型变量的舍入误差

由于实型变量是由有限的存储单元组成的，因此能提供的有效数字总是有限的。

【例 2-4】实型数据的舍入误差，代码如下：

```
#include <stdio.h>
main()
{ float a,b;
  a=123456.789e5;
  b=a+20;
  printf("%f\n",a);
  printf("%f\n",b);
}
```

运行结果为：

```
12345678848.000000
12345678848.000000
```

将“float a,b;”改成“double a,b;”运行结果为：

```
12345678900.000000
12345678920.000000
```

2.3.5　字符型变量

1. 字符型变量的定义

字符型变量用来存储字符常量，即单个字符。

字符型变量的类型说明符是 char。字符型变量类型定义的语法格式和书写规则都与整型变量相同。

例如：

```
char a,b; //a、b 为字符型变量
```

2. 字符型变量的存储

每个字符型变量被分配一个字节的内存空间，因此只能存放一个字符。字符值是以 ASCII 码的形式存放在变量的内存单元中的。

例如，"a"的十进制 ASCII 码值是 97，"b"的十进制 ASCII 码值是 98。对字符型变量 c1 和 c2 赋以'a'和'b'值，即“c1='a';c2='b';”。

实际上是在 c1 和 c2 两个单元内存放 97 和 98 的二进制代码。

c1：

0	1	1	0	0	0	0	1

c2:

0	1	1	0	0	0	1	0

所以也可以把它们看成是整型变量。C 语言允许对整型变量赋以字符值，也允许对字符型变量赋以整型值。在输出时，允许把字符型变量按整型变量输出，也允许把整型变量按字符型变量输出。

整型变量为 4 字节变量，字符型变量为单字节变量，当整型变量按字符型变量处理时，只有低八位字节参与处理。

【例 2-5】向字符型变量赋以整数，代码如下：

```
#include <stdio.h>
main()
{
  char c1,c2;
  c1='a';
  c2=98;
  printf("%c,%c\n",c1,c2);
  printf("%d,%d\n",c1,c2);
}
```

运行结果为：

```
a,b
97,98
```

在本程序中，定义 c1、c2 为字符型变量，但在赋值语句中赋以整型值，也可以赋以字符型值。从运行结果可以看到，c1、c2 值的输出形式取决于 printf()函数中的格式符。当格式符为 "%c" 时，对应输出的变量值为字符；当格式符为 "%d" 时，对应输出的变量值为整数。

【例 2-6】大小写字母转换，代码如下：

```
#include <stdio.h>
main()
{
  char c1,c2;
  c1='A';
  c2='b';
  c1=c1+32;
  c2=c2-32;
  printf("%c,%c\n%d,%d\n",c1,c2,c1,c2);
}
```

运行结果为：

```
a,B
97,66
```

在本实例中，c1、c2 被定义为字符型变量并赋以字符值，C 语言允许字符型变量参与数值运算，即使用字符的 ASCII 码值参与运算。由于大小写字母的 ASCII 码值相差 32，因此小写字母的 ASCII 码值减去 32 运算后转换成大写字母，大写字母的 ASCII 码值加上 32 运算后转换成小写字母，再分别以整型和字符型输出。

常用数据类型取值范围如表 2-4 所示。

表 2-4　常用数据类型取值范围

类　型	符　号	关　键　字	字 节 数	取 值 范 围
整型	有	（signed）int	4	−2147483648～2147483647
		（signed）short	2	−32768～32767
		（signed）long	4	−2147483648～2147483647
	无	unsigned int	4	0～4294967295
		unsigned short	2	0～65535
		unsigned long	4	0～4294967295
实型	有	float	4	$10^{-37}\sim10^{38}$
	有	double	8	$10^{-307}\sim10^{308}$
字符型	有	char	1	−128～127
	无	unsigned char	1	0～255

2.3.6　变量初始化

在程序中常常需要对变量赋初值，以便用户使用变量。在进行变量定义的同时给变量赋以初值的方法称为初始化。在变量定义中赋初值的语法格式如下：

```
类型说明符 变量1=值1,变量2=值2,…;
```

例如：

```
int a=3;
int b,c=5;
float x=3.2,y=3,z=0.75;
char ch1='K',ch2='P';
```

需要注意的是，不允许对变量连续赋初值，如 int a=b=c=5 是不合法的。

【例 2-7】变量初始化，代码如下：

```
#include <stdio.h>
main()
{
  int a=3,b,c=5;      //定义整型变量a、b、c，a初始化值为3，c初始化值为5
  b=a+c;
  printf("a=%d,b=%d,c=%d\n",a,b,c);
}
```

运行结果为：

```
a=3,b=8,c=5
```

2.3.7　各类数值型数据之间的混合运算

C 语言规定不同类型的数据需要转换成同一类型后才可以进行计算，在整型、实型和字符型数据之间通过类型转换便可以进行混合运算。

数据类型转换有两种形式，即隐式类型转换和显式类型转换。

1．隐式类型转换

隐式类型转换就是在编译时由编译程序按照一定规则自动完成，而不需要人为干预。因此，在表达式中如果有不同类型的数据参与同一运算，编译器就会在编译时自动按照规定的规则将其转换为相同的数据类型。C 语言规定的转换规则是由低级向高级转换的。例如，如果一个操作符带有两个不同类型的操作数时，那么在操作之前应先将较低的类型转换为较高的类型，再进行运算，运算结果是较高的类型。如图 2-3 所示为数据类型转换示意图（图 2-3 给出的只是转换方向，不是转换过程）。

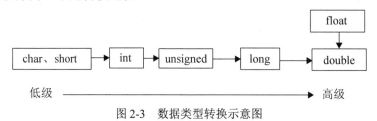

图 2-3　数据类型转换示意图

2. 显式类型转换

显式类型转换又被称为强制类型转换，强制类型转换是通过类型转换运算来实现的。语法格式如下：

```
(类型说明符) (表达式)
```

其功能是把表达式的运算结果强制转换成类型说明符所表示的类型。

例如：

```
(float) a             //把 a 转换为实型
(int)(x+y)            //把 x+y 的结果转换为整型
```

在使用强制转换时应该注意以下几个问题。

（1）类型说明符和表达式都必须添加括号（单个变量可以不加括号），如果把(int)(x+y)写成(int)x+y，则表示把 x 转换成 int 型之后再与 y 相加。

（2）无论是强制类型转换还是隐式类型转换，都只是为了本次运算的需要而对变量的数据长度进行的临时性转换，而不改变数据说明时对该变量定义的类型。

2.4 运算符和表达式

C 语言中的运算符和表达式数量之多，在高级语言中是少见的。正是丰富的运算符和表达式使 C 语言功能十分完善，这也是 C 语言的主要特点之一。

C 语言的运算符不仅具有不同的优先级，而且还有一个特点，就是它的结合性。在表达式中，各运算量参与运算的先后顺序不仅要遵守运算符优先级别的规定，还要接受运算符结合性的制约，以便确定是自左向右进行运算还是自右向左进行运算。

2.4.1 运算符简介

C 语言的运算符可分为以下几类。

（1）算术运算符：用于各类数值运算，包括加（+）、减（-）、乘（*）、除（/）、求余（模运算，%）、自增（++）、自减（--）共 7 种。

（2）关系运算符：用于比较运算，包括大于（>）、小于（<）、等于（==）、大于或等于（>=）、小于或等于（<=）和不等于（!=）6 种。

（3）逻辑运算符：用于逻辑运算，包括与（&&）、或（||）、非（!）3 种。

（4）位操作运算符：参与运算的量，按二进制位进行运算，包括位与（&）、位或（|）、位非（~）、位异或（^）、左移（<<）、右移（>>）6 种。

（5）赋值运算符：用于赋值运算，包括简单赋值（=）、复合算术赋值（+=、-=、*=、/=、%=）和复合位运算赋值（&=、|=、^=、>>=、<<=）11 种。

（6）条件运算符：C 语言中唯一一个三目运算符，用于条件求值（?:）。

（7）逗号运算符：用于把若干表达式组合成一个表达式（,）。

（8）指针运算符：用于取内容（*）和取地址（&）两种运算。

（9）求字节数运算符：用于计算数据类型所占的字节数（sizeof）。

（10）特殊运算符：包括括号()、下标[]、成员(→，.)等几种。

2.4.2　算术运算符

1. 基本的算术运算符

- 加法运算符 "+"：加法运算符为双目运算符，即应该有两个运算量参与加法运算。例如，a+b、4+8 等，具有左结合性。
- 减法运算符 "-"：减法运算符为双目运算符，具有左结合性。"-" 也可以作为求负运算符，此时为单目运算符，如-x、-5 等具有右结合性。
- 乘法运算符 "*"：乘法运算符为双目运算符，具有左结合性。
- 除法运算符 "/"：除法运算符为双目运算符，具有左结合性。当参与运算量均为整型时，结果也为整型，采取 "向零取整"，舍去小数，只保留整数。如果运算量中有一个是实型，则结果为双精度实型。例如，5/2 的结果为 2，是一个整数，小数全部舍去。而 5.0/2 的结果为 2.5，由于有实型参与运算，因此结果也为实型。
  - 求余运算符（模运算符）"%"：求余运算符为双目运算符，具有左结合性。要求参与运算量均为整型。求余运算的结果等于两数相除后的余数。例如，5%2 的结果为 1，8%3 的结果为 2，2%5 的结果为 2。请大家考虑一下，(-5)%2 的结果是多少？5%(-2)的结果是多少？(-5)%(-2)的结果又是多少？根据这几个结果，我们能得出什么结论？

2. 算术表达式和运算符的优先级与结合性

表达式是由常量、变量、函数和运算符组合起来的式子。一个表达式有一个值及其类型，它们等于计算表达式所得结果的值和类型。表达式求值按运算符的优先级和结合性规定的顺序进行计算（先按运算符的优先级高低次序执行，如果一个操作数两侧的运算符的优先级相同，则按 C 语言的结合性规定进行计算）。单个的常量、变量、函数可以看作表达式的特例。

算术表达式是由算术运算符和括号连接起来的式子。

- 算术表达式：使用算术运算符和括号将运算对象（操作数）连接起来的、符合 C 语言语法规则的式子。

以下是算术表达式的实例，代码如下：

```
a+b
    (a*2)/c
```

```
(x+r)*8-(a+b)/7
sin(x)+sin(y)
```

- 运算符的优先级：在 C 语言中，运算符的运算优先级共分为 15 级。1 级最高，15 级最低。在表达式中，优先级较高的先于优先级较低的进行运算。而在一个操作数两侧的运算符优先级相同时，按运算符的结合性规定的结合方向处理。
- 运算符的结合性：在 C 语言中，各运算符的结合性分为两种，即左结合性（自左向右）和右结合性（自右向左）。例如，算术运算符的结合性是自左向右，即先左后右。表达式 x-y+z，y 应该先与"-"号结合，执行 x-y 运算，再执行+z 的运算。这种自左向右的结合方向称为左结合性，而自右向左的结合方向称为右结合性。最典型的右结合性运算符是赋值运算符。C 语言运算符的结合性可以这样来记忆，所有的单目运算符都是右结合性；在双目运算符中，除赋值运算符外，其他运算符都是左结合性。

3. 自增、自减运算符++、--

功能：自增运算使单个变量的值增 1，自减运算使单个变量的值减 1。

自增、自减运算符都有以下两种用法。

（1）前置运算——运算符放在变量之前：++变量、--变量。

先使变量的值增（或减）1，再以变化后的值参与其他运算，即先增减、后运算。

（2）后置运算——运算符放在变量之后：变量++、变量--。

变量先参与其他运算，再使变量的值增（或减）1，即先运算、后增减。

【例 2-8】 自增、自减运算演示，代码如下：

```
#include <stdio.h>
main()
{ int x=6, y;
  printf("x=%d\n",x);                //输出 x 的初值
  y=++x;                             //前置运算
  printf("y=++x: x=%d,y=%d\n",x,y);
  y=x--;                             //后置运算
  printf("y=x--: x=%d,y=%d\n",x,y);
}
```

运行结果为：

```
x=6
y=++x: x=7,y=7
y=x--: x=6,y=7
```

在本实例中，x 的初值为 6，当执行 y=++x 时，先对变量 x 的值进行增 1，使 x 的值变为 7，再将 x 的值赋给 y，所以 y 的值也是 7。y=++x 语句等价于"x=x+1;y=x;"两条语句。当执行 y=x--时，先取变量 x 的值进行赋值运算，所以 y 的值是 7，再对变量 x 进行减 1，使 x 的值变为 6。y=x--语句等价于"y=x;x=x-1;"两条语句。从上面程序的运行结果可以看出，前置和后置运算对于变量 x 的值没有影响，影响的是表达式的结果。

> 说明：
> （1）自增、自减运算，常用于循环语句中。
> （2）自增、自减运算符，不能用于常量和表达式。例如，5++、--(a+b)等都是非法的。

（3）在表达式中，连续使同一变量进行自增或自减运算时很容易出错，所以最好避免这种用法。

2.4.3　赋值运算符和赋值表达式

1．赋值运算符

赋值运算符"="的作用是将一个表达式的值赋给一个变量。赋值运算符的语法格式如下：

```
变量=表达式
```

例如，x = 5，它的作用是将 5 放到变量 x 的存储单元中，也就是使变量 x 的值变为 5。

用赋值运算符将变量和表达式连接起来的式子就是赋值表达式。赋值表达式的左侧只能是变量，用来表示存放数据的存储单元。赋值表达式的左侧不能是常量和表达式，如 a+b=5 和 5=a 是错误的表示方式，赋值运算符不同于数学中的等号。

赋值表达式的值就是被赋值变量的值。例如，"a = 5"这个赋值表达式，变量 a 的值"5"就是赋值表达式的值。因此，a=b=c=5 可理解为 a=(b=(c=5))（赋值运算符的右结合性）。

在赋值运算符"="之前加上其他双目运算符可以构成复合赋值运算符。C 语言提供了 10 种复合赋值运算符，分别是+=、-=、*=、/=、%=、<<=、>>=、&=、^=、|=。

构成复合赋值表达式的语法格式如下：

```
变量 复合赋值运算符 表达式
```

等价于

```
变量=变量 运算符 表达式
```

例如：

```
a+=5     //等价于a=a+5
x*=y+7   //等价于x=x*(y+7)
r%=p     //等价于r=r%p
```

假设 a 的初值为 3，请计算表达式 a+=a-=a*a 的值？你得到的值是不是-3 呢（请正确理解赋值运算符的作用）？

2．赋值中的类型转换

当赋值运算符两边的运算对象类型不同时，将要发生类型转换，转换的规则是把赋值运算符右侧表达式的类型转换为左侧变量的类型，具体规则如下。

（1）实型变量赋以整型变量，舍去小数部分。

（2）整型变量赋以实型变量，数值不变，将以浮点数形式存储，即增加小数部分（小数部分的值为 0）。

（3）字符型变量赋以整型变量，由于字符型变量为 1 字节，而整型变量为 4 字节，故将字符的 ASCII 码值放到整型变量的低八位中，高八位为 0。整型赋予字符型变量，只把低八位赋予字符变量。

【例 2-9】赋值中的类型转换，代码如下：

```c
#include <stdio.h>
main()
{
  int a;
```

```
    float x;
    char c1;
    a=123.78;
    x=123;
    c1=353;
    printf("%d,%f, %c\n",a,x, c1);
}
```

运行结果为：

```
123,123.000000, a
```

请读者分析一下运行结果。

2.4.4 逗号运算符和逗号表达式

逗号运算符就是我们常用的逗号 "," ，当作为操作符时，它可以把多个表达式连接起来，如 "a＋5,b－3" 就是一个逗号表达式。

逗号表达式的求值过程是从左到右，逐个计算表达式的值，最后整个表达式的值取最右侧表达式的值。逗号运算符也被称为顺序求值运算符。

【例 2-10】逗号表达式，代码如下：

```
#include <stdio.h>
main()
{   int x,y=7;
    float z=4;
    x=(y=y+6,y/z);
    printf("x=%d\n",x);
}
```

运行结果为：

```
x=3
```

> 说明：
> （1）并不是在所有出现逗号的地方都组成逗号表达式。例如，在定义变量时，函数参数表中的逗号只是作为各变量之间的间隔符。
> （2）程序中使用逗号表达式，通常是要分别计算逗号表达式内各表达式的值，并不一定要计算整个逗号表达式的值。
> （3）逗号表达式常用于 for 语句中。

2.5 常见错误

1. 在书写标识符时，忽略了大小写字母的区别

示例代码如下：

```
main()
{
    int a=5;
    printf("%d",A);
}
```

编译程序把 a 和 A 认成两个不同的变量名，而显示出错信息。C 语言认为大写字母和小写字母是两个不同的字符。习惯上，符号常量名使用大写字母表示，变量名使用小写字母表示，以增加代码的可读性。

2．忽略了变量的类型，进行了不合法的运算

示例代码如下：

```
main()
{
  float a,b;
  printf("%d",a%b);
}
```

%是求余运算，得到 a/b 的整余数。整型变量 a 和 b 可以进行求余运算，而实型变量则不允许进行求余运算。

3．将字符常量与字符串常量混淆

示例代码如下：

```
char c;
c="a";
```

在这里就混淆了字符常量与字符串常量，字符常量是由一对单引号括起来的单个字符，字符串常量是由一对双引号括起来的字符序列。C 语言规定以"\"作字符串结束标志，它是由系统自动加上的，所以字符串"a"实际上包含"a"和"\"两个字符，而把它赋给一个字符型变量是错误的。

4．忘记加分号

分号是 C 语言中不可缺少的一部分，语句末尾必须有分号。

示例代码如下：

```
a=1
b=2
```

在编译时，编译程序在"a=1"后面没发现分号，就把下一行语句"b=2"也作为上一行语句的一部分，这就会出现语法错误。在改错时，有时在被指出有错的一行语句中未发现错误，就需要看一下上一行语句末尾是否漏掉了分号。

5．忘记定义变量

示例代码如下：

```
main()
{ y = 2 ;
  printf("%d\n",x +y); }
```

这个程序在编译时系统会指出错误，变量 x 和 y 没有被定义。C 语言规定，所有变量在使用之前都必须定义。

6．变量没有赋值就引用

示例代码如下：

```
main()
{int x, y, z;
 z = x + y ; printf(" %d\n",z);}
```

这个程序在编译时会发出警告，告诉用户变量 x、y 没有被赋值就使用了。如果要执行这个程序，将输出一个不确定的值，在程序中变量应该先赋值后再引用。

课后习题

一、选择题

1. C 语言允许的基本数据类型包括_____。
   - A. 整型、实型、逻辑型
   - B. 整型、实型、字符型
   - C. 整型、字符型、逻辑型
   - D. 整型、实型、逻辑型、字符型

2. C 语言规定，不同类型的数据占用存储空间的长度是不同的。下列各组数据类型中，满足占用存储空间从小到大顺序排列的是_____。
   - A. short、char、float、double
   - B. char、float、short、double
   - C. int、unsigned char、long int、float
   - D. char、short、float、double

3. 在 C 语言中，short 型占 2 字节，下列不能正确存储 int 型变量的常数是_____。
   - A. 65536　　　　B. 0　　　　　　C. 037　　　　　D. 0xaf

4. C 语言中能使用八进制表示的数据类型为_____。
   - A. 字符型、整型
   - B. 整型、实型
   - C. 字符型、实型、双精度型
   - D. 字符型、整型、实型、双精度型

5. 下列属于 C 语言合法的字符常量是_____。
   - A. '\97'　　　　B. "A"　　　　　C. '\t'　　　　　D. "\0"

6. 设 char 型占 1 字节，则 unsigend char 型表示的数据范围是_____。
   - A. 0~255　　　B. −128~127　　C. 1~256　　　　D. −128~128

7. 下面程序的运行结果为_____。
```
char c1='B',c2='E';
printf("%d,%c\n",c2-c1,c2+'a'-'A');
```
   - A. 2,M
   - B. 3,e
   - C. 2,e
   - D. 输出项与对应的格式控制不一致，输出结果不确定

8. 下面程序的运行结果为_____。
```
int u=010,v=0x10,w=10;
printf("%d,%d,%d\n",u,v,w);
```
   - A. 8,16,10　　　B. 10,10,10　　　C. 8,8,10　　　　D. 8,10,10

9. 已知大写字母 B 的 ASCII 码值为十进制数 66，下面程序的运行结果为_____。
```
main()
  { char ch1,ch2;
    ch1='B'+'4'-'3';
    ch2='B'+'5'-'3';
```

```
    printf("%d,%c\n",ch1,ch2);
  }
```
　　A．67,D　　　　　　　　　　B．B,C
　　C．C,D　　　　　　　　　　D．不确定的值

10．在 C 语言中，要求运算量必须是整型的运算符是_____。
　　A．+　　　　　　　　　　　B．/
　　C．%　　　　　　　　　　　D．−

11．a、b 均为整数且 b≠0，表达式 a/b*b+a%b 的值为_____。
　　A．a　　　　　　　　　　　B．b
　　C．a 被 b 除的整数部分　　　D．a 被 b 除商的整数部分

12．a、b 均为整数且 b≠0，表达式 a−a/b*b 的值为_____。
　　A．0　　　　　　　　　　　B．a
　　C．a 被 b 除的余数部分　　　D．a 被 b 除商的整数部分

13．在下列表达式中，值为 0 的是_____。
　　A．3%5　　　　　　　　　　B．3/5.0
　　C．3/5　　　　　　　　　　D．3.0%5

14．下列语句中符合 C 语言语法的语句是_____。
　　A．a=7+b+c=a+7;　　　　　B．a=7+b++=a+7
　　C．a=7+b=b++,a+7;　　　　D．a=7=b,c=a+7;

15．表达式 18/4*sqrt(4.0)/8 的数据类型为_____。
　　A．int　　　　　　　　　　B．float
　　C．double　　　　　　　　　D．不确定

16．若变量已经被正确定义且 k 的值是 4，则执行表达式 j=k−−后，j、k 的值是_____。
　　A．j=4,k=4　　　　　　　　B．j=4,k=3
　　C．j=3,k=4　　　　　　　　D．j=3,k=3

17．设"int x=10,x+=3+x%(−3);"，则 x=_____。
　　A．14　　　　B．15　　　　C．11　　　　D．12

18．表达式(int)(3.0/2.0)的值是_____。
　　A．1.5　　　B．1.0　　　C．1　　　　D．0

19．设 a 为 int 型变量，则执行以下语句后，a 的值为_____。
```
a=10; a+=a-=a-a;
```
　　A．10　　　　B．20　　　　C．40　　　　D．30

20．设 t 为 int 型变量，则在下列选项中，不正确的赋值语句是_____。
　　A．++t;　　　　　　　　　　B．n1=(n2=(n3=0));
　　C．k=i=1;　　　　　　　　　D．a=b+c=1;

21．设"float m=4.0, n=4.0;"，则使 m 值为 10.0 的表达式是_____。
　　A．m−=n*2.5　　B．m/=n+9　　C．m*=n−6　　D．m+=n+2

22．语句"x*=y+2;"还可以写成_____。
　　A．x=x*y+2;　　B．x=2+y*x;　　C．x=x*(y+2);　　D．x=y+2*x;

23．设有变量定义："int a,b,i=4;double x=1.42,y;"，则以下符合 C 语言语法的表达式是_____。

    A．a+=a—=(b=4)*(a=3)   B．x%(–3)

    C．a=a*3=2   D．y=float(i)

24．设已定义："int k=7,x=12;"，则在下列表达式中，计算结果为 0 的是_____。

    A．x%(k%5)   B．x%(k–k%5)

    C．x%=k–k%5   D．(x%=k)–(k%=5)

25．设已定义 x 和 y 为 double 型变量，则表达式 x=1,y=x+3/2 的值是_____。

    A．1   B．2   C．2.0   D．2.5

26．设 "int a=7,b=8;"，则 "printf(" %d,%d " ,(a+b,a),(b,a+b));" 的输出结果是_____。

    A．7,15   B．8,15   C．15,7   D．出错

27．下列四组选项中，均是合法转义字符的选项是_____。

    A．'\"' '\\' '\n'   B．'\' '\017' '\" '

    C．'\018' '\f' 'xab'   D．'\\0' '\101' 'xlf'

28．若有以下说明语句：

```
char s='\\\092';
```

则下面哪一项是正确的_____。

    A．使 s 的值包含 2 个字符   B．说明语句不合法

    C．使 s 的值包含 6 个字符   D．使 s 的值包含 4 个字符

29．C 语言中的标识符只能由字母、数字和下画线三种字符组成，且第一个字符_____。

    A．必须为字母   B．必须为下画线

    C．必须为字母或下画线   D．可以是字母，数字和下画线中任意一种字符

30．在赋值表达式中，赋值运算符的左侧可以是_____。

    A．表达式   B．常量   C．任何形式   D.变量

二、填空题

1．在 C 语言中，内存中存储字符串常量 " C " 要占用_____字节，存储字符常量'C'要占用_____字节。

2．无符号整型的类型关键字为_____，双精度实型的类型关键字为_____，字符型的类型关键字为_____。

3．在 C 语言中，整数可以使用_____进制数、_____进制数和_____进制数三种数制表示。

4．设有以下定义，并已赋确定的值：

```
char ch; int i; float f; double d;
```

则表达式 ch*i+d–f 的数据类型为_____。

5．设 "int a=11;"，则表达式(a++*1/5)的值为_____。

6．若 s 是 int 型变量，且 s＝6，则下面表达式的值为_____。

```
s%2+(s+1)%2
```

7．若 "int x=3,y=2;float a=2.5,b=3.5;"，则下面表达式的值为_____。

```
(x+y)%2+(int)a/(int)b
```

8. 已知小写字母 a 的 ASCII 码值为十进制数 97，且设 ch 为字符型变量，则表达式 ch='a'+'8'-'3'的值为_____。

9. 以下程序的输出结果是_____。

```
int a=1234; printf ("%3d\n",a);
```

10. 在计算机中，字符的比较是对它们的_____进行比较。

11. 在内存中，存储字符'x'要占用 1 字节，存储字符串"X"要占用_____字节。

12. 在 C 语言中，一个 float 型数据在内存中所占的字节数为 4，一个 double 型数据在内存中所占的字节数为_____。

13. 以下程序的输出结果是_____。

```
main ()
{int a=2,b=3,c=4;
a*=16+(b++)-(++c);
printf("%d",a);
}
```

14. 以下程序的输出结果是_____。

```
int x=17,y=26;
printf ("%d",y/=(x%6));
```

15. 以下 y 的值是_____。

```
int y; y=sizeof(2.25*4);
```

16. 以下程序的输出结果是_____。

```
main ()
{int i=010,j=10;
printf ("%d,%d\n",i,j);
}
```

17. 设 "char c='\010';"，则变量 c 中包含的字符个数为_____。

18. "printf(" %c\n " ,'B'+40);" 语句的输出结果是_____。

19. 定义 "int a=5,b=20;"，若执行语句 "printf(" %d\n " ,++a*- -b/5);" 后，则输出的结果为_____。

20. 75 的十六进制写法为_____，八进制写法为_____。

　　0x75 的八进制写法为_____，十进制写法为_____。

　　075 的十进制写法为_____，十六进制写法为_____。

第 3 章

数据的输入/输出

3.1　C 语句的分类

和其他高级语言一样，C 语句用来向计算机系统发出操作指令。一条语句经过编译后产生若干条机器指令。一个实际的程序应当包含若干条语句，C 语句都是用来完成一定操作任务的，可以分为以下 5 类。

（1）控制语句，完成一定的控制功能。C 语言提供了以下 9 种控制语句。

- if()...else　　　　　　（条件语句）
- for　　　　　　　　　（循环语句）
- while　　　　　　　　（循环语句）
- do...while　　　　　　（循环语句）
- continue　　　　　　　（结束本次循环语句）
- break　　　　　　　　（中止执行 switch 或循环语句）
- switch　　　　　　　　（多分支选择语句）
- goto　　　　　　　　　（无条件转向语句）
- return　　　　　　　　（函数返回语句）

（2）函数调用语句。由一次函数调用加一个分号构成一条语句。

其语法格式如下：

```
函数名(参数表列);
```

例如：

```
printf("this is a c statement. ");
```

这条语句由 C 语言函数库中的格式输出函数 printf()和分号构成一条输出语句。

（3）表达式语句。由一个表达式构成一条语句，最典型的是，由赋值表达式构成一条赋值语句。例如：

```
a=3
```

是一个赋值表达式，而

```
a=3;
```

是一条赋值语句。通过上面实例我们可以看到一个表达式的末尾添加一个分号就构成了一条语句。一条语句必须在最后出现分号，分号是语句中不可缺少的一部分。例如：

```
i=i+1        //这是表达式，不是语句
```

```
i=i+1;          /这是一条语句
```

任何表达式都可以加上分号而成为语句，如"i++;"是一条语句，作用是使 i 值加 1。又如"x+y;"也是一条语句，作用是完成 x+y 的运算操作，它是合法的，但是并不把 x+y 的和赋给另一个变量，所以它并无实际意义。

表达式能构成语句是 C 语言的一个重要特色。

（4）空语句。下面是一条空语句：

```
;
```

只有一个分号的语句，它什么也不做。有时用于流程转向点，或者循环语句中的循环体（循环体是空语句，表示循环体什么也不做）。

（5）可以用 { } 把一些语句括起来构成复合语句，又称为分程序。下面是复合语句：

```
{ z=x+y;
  t=z/100;
  printf("%f",t);
}
```

> **注意**：在复合语句中，最后一条语句中的分号不能省略。

C 语言允许一行编写多条语句，也允许将一条语句拆分编写在不同行上，书写格式无固定要求。

3.2　程序的三种基本结构

为了提高程序设计的质量和效率，现在普遍采用结构化程序设计方法。结构化程序由若干个基本结构组成。每一个基本结构可以包含一条或若干条语句。结构化程序包含三种基本结构，可以使程序易于设计、易于理解、易于调试修改，能够提高程序设计和维护程序工作的效率。

1. 顺序结构

顺序结构如图 3-1 所示。先执行 A 操作，再执行 B 操作，两者是顺序执行的关系。

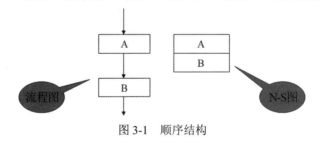

图 3-1　顺序结构

2. 选择结构

选择结构如图 3-2 所示。p 代表一个条件，当 p 条件成立（或称为"真"）时执行 A 操作，否则执行 B 操作。需要注意的是，只能执行 A 操作或 B 操作。两条路径汇合在一起后进入出口。

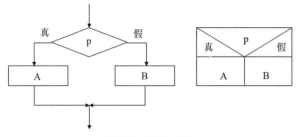

图 3-2　选择结构

选择结构还有一种多分支选择结构，如图 3-3 所示。

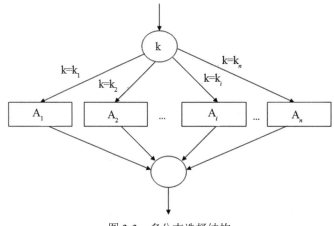

图 3-3　多分支选择结构

3．循环结构

循环结构有以下两种形式。

（1）当型循环结构如图 3-4 所示。当 p 条件成立（"真"）时，反复执行 A 操作，直到 p 为"假"时才停止循环。

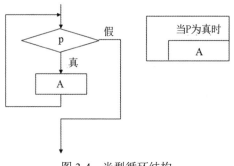

图 3-4　当型循环结构

（2）直到型循环结构如图 3-5 所示。先执行 A 操作，再判断 p 是否为"假"，若 p 为"假"，再执行 A 操作，如此反复，直到 p 为"真"为止。

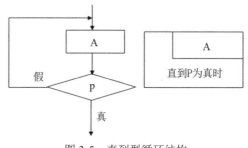

图 3-5　直到型循环结构

通过上文我们可以看到，三种基本结构都具有以下几个特点。

- 有一个入口。
- 有一个出口。
- 结构中每一部分都应当有被执行到的机会，也就是说，每一部分都应当有一条从入口到出口的路径通过它。
- 没有死循环（无终止的循环）。

结构化程序要求每一个基本结构具有单入口和单出口的性质是十分重要的，这是为了便于保证和验证程序的正确性。在设计程序时一个结构一个结构地按顺序写下来，整个程序结构如同一串珠子一样排列顺序清楚，层次分明。在需要修改程序时，可以将某一个基本结构单独提取出来修改，由于单入口和单出口的性质，不会影响程序的其他基本结构。

3.3　数据输入/输出的概念

所谓输入/输出是以计算机主机为主体而言的。从计算机向外部输出设备（如显示器、打印机等）输出数据称为"输出"，从外部向输入设备（如键盘、磁盘、扫描仪等）输入数据称为"输入"。

C 语言本身不提供输入/输出语句，输入和输出操作是由函数来实现的。C 语言标准函数库提供了一些输入/输出函数，如 printf()函数和 scanf()函数。读者在使用它们时，千万不要误认为它们是 C 语言提供的输入/输出语句。printf 和 scanf 不是 C 语言的关键字，而只是函数的名字。实际上，完全可以不用 printf 和 scanf 这两个名字，而另外编写两个输入/输出函数，使用其他的函数名。C 语言提供的函数以库的形式存放在操作系统中，它们不是 C 语言文本中的组成部分。

由于 C 语言编译系统与 C 语言函数库是分开进行设计的，因此不同的操作系统所提供函数的数量、名字和功能是不完全相同的。不过，各种操作系统都提供了一些通用的函数（如printf()和 scanf()等），并成为各种操作系统的标准函数。C 语言函数库中有一批标准输入/输出函数，它是以标准的输入/输出设备（一般为终端设备）为输入/输出对象的。其中有 putchar()（输出字符）、getchar()（输入字符）、printf()（格式输出）、scanf()（格式输入），puts()（输出字符串）、gets()（输入字符串）等函数。本章只介绍前 4 个基本的输入/输出函数。

在使用 C 语言库函数时，要用预编译命令"＃include"将有关的"头文件"包含到用户的源文件中。在头文件中包含了与用到的函数有关的信息。例如，使用标准输入/输出函数时，要用到"stdio.h"文件。文件后缀"h"是"head"的缩写，"#include"命令一般放在程序的开头，因此，这类文件被称为"头文件"。在调用标准输入/输出函数时，文件开头应有以下预编译命令：

```
#include <stdio.h>
或
#include "stdio.h"
```

stdio.h 是 standard input & output 的缩写。考虑到 printf()函数和 scanf()函数的频繁使用，操作系统允许在使用这两个函数时可以不添加"#include"命令。

3.4 字符输入/输出函数

3.4.1 字符输出函数 putchar()

putchar()函数的作用是向终端输出一个字符。例如，putchar(c)，它将变量 c 的值以字符的形式输出。c 可以是字符型变量或整型变量。

【例 3-1】输出单个字符，代码如下：

```
#include <stdio.h>
main()
{  char a,b,c;
   a='W';b='I';c='N';
   putchar(a);
   putchar(b);
   putchar(c);
}
```

运行结果为：

```
WIN
```

也可以是常量，例如：

```
putchar('A')        //输出字符'A'
putchar('0')        //输出字符'0'
```

也可以输出控制字符，例如：

```
putchar('\n')       //输出一个换行符，使输出的当前位置移到下一行的开头
putchar('\t')       //输出一个水平制表符，使输出的当前位置移到下一个制表位的开头
```

也可以输出其他转义字符，例如：

```
putchar('\101')     //输出字符'A'
putchar('\'')       //输出单引号字符'
putchar('\015')     //输出回车，不换行，使输出的当前位置移到本行开头
```

也可以是数字，例如：

```
putchar(97)         //输出字符'a'
putchar(353)        //大家想一下这个会输出什么
```

3.4.2 字符输入函数 getchar()

getchar()函数的作用是从终端（或系统隐含指定的输入设备）输入一个字符。getchar()函数没有参数，语法格式如下：

```
getchar();
```

通常把输入的字符赋给一个字符型变量，构成赋值语句，例如：

```
char c;
c=getchar();
```

【例 3-2】输入单个字符，代码如下：

```
#include <stdio.h>
main()
{char c;
c=getchar();
putchar(c);
}
```

在运行程序时，如果从键盘输入字符"a"并按 Enter 键，就会在屏幕上看到输出的字符"a"。

使用 getchar()函数还应注意以下几个问题。

（1）调用 getchar()函数时，程序执行被中断，等待用户从键盘输入字符。当用户输入字符并按 Enter 键后，程序继续运行。若用户输入字符后未按 Enter 键，则输入的内容一直保留在键盘缓冲区中，只有用户按 Enter 键后，字符输入函数 getchar()才进行处理。

（2）getchar()函数只能接受单个字符，如果输入多个字符，则 getchar()函数只接收第一个字符。

（3）无论输入的是英文字母或标点符号还是数字，都是作为字符输入的。

（4）Space 键、Enter 键、Tab 键都能作为有效字符输入。

（5）上面程序最后两行代码可以用下面一行代码代替：

```
putchar(getchar());
```

3.5　格式输入/输出函数

3.5.1　格式输出函数 printf()

我们在前文已经多次使用了 printf()函数，它的作用是按用户指定的格式向终端（或系统隐含指定的输出设备）输出若干个任意类型的数据。

1．printf()函数的语法格式

```
printf("格式控制字符串",输出表列);
```

（1）格式控制字符串：包含以下两种信息。

● 格式说明符："%"格式字符用于说明指定数据的输出格式。格式说明总是由"%"字符开始的。

● 普通字符或转义序列：需要原样输出的字符。

（2）输出表列：要输出的数据（可以没有，也可以是表达式，当有多个表达式时以","分隔）。下面的 printf()函数都是合法的。

> 注意："格式控制字符串"中的格式字符必须与"输出表列"中输出项的数据类型一致，否则会引起输出错误。

2. 格式字符

对不同类型的数据要采用不同的格式字符，常用的有以下几种格式字符。

（1）d 格式字符，以十进制形式输出带符号整数，有以下几种用法。

- %d，按整型数据的实际长度输出。例如：

```
printf("%d",123); //输出结果为 123
```

- %md，m 为指定的输出字段的最小宽度。如果数据的位数小于 m，则左端补空格。如果数据的位数大于 m，则按实际位数输出。例如：

```
printf("%5d,%5d",a,b);
```

如果 a=123，b=123456，则运行结果为：

```
□□123,123456  //□表示空格
```

- %-md，m 为指定的输出字段的最小宽度。如果数据的位数小于 m，则右端补空格；如果数据的位数大于 m，则按实际位数输出。例如：

```
printf("%-5d,%-5d",a,b);
```

如果 a=123，b=123456，则运行结果为：

```
123 □□,123456
```

（2）o 格式字符，以八进制形式输出无符号整数。将内存单元中的各位的值（0 或 1）按八进制形式输出，符号位也一起作为八进制数的一部分输出。例如：

```
int a=-1;
printf("%d,%o",a,a);
```

运行结果为：

```
-1,37777777777
```

（3）x 格式字符，以无符号十六进制形式输出整数。将内存单元中的各位的值（0 或 1）按十六进制形式输出，符号位也一起作为十六进制数的一部分输出。例如：

```
int a=-1;
printf("%d,%x",a,a);
```

运行结果为：

```
-1,ffffffff
```

（4）u 格式字符，以十进制形式输出无符号整数。

一个有符号整数也可以使用%u 格式输出；反之，一个无符号整数也可以使用%d 格式输出。

【例 3-3】整型数据的输出，代码如下：

```
#include <stdio.h>
main()
{  unsigned int a=4294967295;
   int b=-2;
   printf("a=%d,%o,%x,%u\n",a,a,a,a);
   printf("b=%d,%o,%x,%u\n",b,b,b,b);
}
```

运行结果为：

```
a=-1,37777777777,ffffffff,4294967295
b=-2,37777777776,fffffffe,4294967294
```

（5）c 格式字符，用于输出一个字符。一个在 0～255 范围内的整型数据也可以使用%c 格式输出，一个字符型数据也可以使用%d 格式输出。例如：

```
printf ("%4c,%c\n",'A', 65);
```

（6）s 格式字符，用于输出一个字符串。

- %s，将字符串按实际长度输出。例如：

```
printf("%s"," china");
```

- %ms，m 为指定的输出字符串的长度。如果字符串长度小于 m，则左端补空格，否则按实际长度输出。
- %-ms，如果字符串长度小于 m，则右端补空格。
- %m.ns，输出的字符串占 m 列，但只取字符串中左端 n 个字符。这几个字符输出在 m 列的右端，左端补空格。
- %-m.ns，输出的字符串占 m 列，但只取字符串中左端 n 个字符。这几个字符输出在 m 列的左端，右端补空格。

```
printf(" %3s,%7.2s,%.4s,%-5.3s\n " , " student " , " student " , " student " , " student ");
```

运行结果为：

```
student,□□□□□st,stud,stu□□
```

（7）f 格式字符，以小数形式输出实数。

- %f，整数部分全部输出，并输出 6 位小数。
- %m.nf，指定输出的数据占 m 列，有 n 位小数。如果数值长度小于 m，则左端补空格。
- %-m.nf，指定输出的数据占 m 列，有 n 位小数。如果数值长度小于 m，则右端补空格。

注意：不是所有的数字都是有效数字。

【例 3-4】实型数据以小数形式输出，代码如下：

```
#include <stdio.h>
main()
{   float  f=12.3456;
    printf("%f,%10f,%10.2f,%.2f,%-10.2f \n",f,f,f,f,f);
}
```

运行结果为：

```
12.345600, □12.345600, □□□□□12.35,12.35,12.35□□□□□
```

（8）e 格式字符，以指数形式输出实数。

- %e，不指定输出数据所占宽度和小数位数。数值按规范化指数形式输出。例如：

```
printf ("%e",12.3456);
```

运行结果为：

```
1.234560e+001
```

- %m.ne 和%-m.ne，指定输出的数据共占 m 列，n 表示小数部分的小数位数。

【例 3-5】实型数据以指数形式输出，代码如下：

```
#include <stdio.h>
main()
{   float  f=12.3456;
```

```
    printf("%e,%10e,%10.2e,%.2e,%-10.2e \n",f,f,f,f,f);
}
```

运行结果为：

```
1.234560e+001,1.234560e+001,□1.23e+001,1.23e+001,1.23e+001□
```

（9）g 格式字符，用于输出实数，根据数值的大小，自动选择 f 或 e 格式字符（选择宽度较短的一种格式）输出实数，而且不输出无意义的零。例如：

```
float  f=123.456;  printf("%f,%e,%g",f,f,f);
```

运行结果为：

```
123.456001,1.234560e+002,123.456
```

各种格式字符及其说明如表 3-1 所示。

表 3-1　各种格式字符及其说明

格 式 字 符	说　　　明
d、i	以十进制形式输出带符号整数（正数不输出符号）
o	以八进制形式输出无符号整数（不输出前缀 o）
x，X	以十六进制形式输出无符号整数（不输出前缀 x，X）
u	以十进制形式输出无符号整数
c	输出一个字符
s	输出一个字符串
f	以小数形式输出实数
E、e	以指数形式输出实数
G、g	选择%f 或%e 中宽度较短的一种格式

说明：

（1）格式控制中的格式说明符，必须按从左到右的顺序，与输出项表中的每个数据一一对应，否则会出错。

例如，下面使用格式是错误的。

```
    printf("str=%s, f=%d, i=%f\n", "Internet", 1.0 / 2.0, 3 + 3, "CHINA");
```

（2）格式字符 x、e、g 可以使用小写字母，也可以使用大写字母。当使用大写字母时，输出数据中包含的字母也大写。除 x、e、g 格式字符外，其他格式字符必须使用小写字母。例如，%f 不能写成%F。

（3）格式字符紧跟在"%"后面就作为格式字符使用，否则将作为普通字符使用（原样输出）。例如，"printf("c=%c, f=%f\n", c, f);"中的第一个 c 和 f 都是普通字符。

（4）可以使用连续两个%来输出%。例如：

```
    printf("%f%%",1.0/3);
```

运行结果为：

```
0.333333%
```

3.5.2　格式输入函数 scanf()

scanf()函数也是一个标准库函数，其作用是接受用户从标准设备输入若干个数据（可以是不同类型的数据），并赋给指定的变量所分配的内存单元中。

1．scanf 函数的语法格式

```
scanf(格式控制字符串,地址表列);
```

（1）格式控制字符串：格式控制字符串包含格式说明符和普通字符。

scanf()函数中的格式说明符与 printf()函数中的格式说明符功能相似，当普通字符在输入有效数据时，必须原样一起输入。

（2）地址表列：由若干个地址组成的列表，可以是变量的首地址，也可以是字符数组名或指针变量。

变量地址的表示方法为"&变量名"，其中"&"是地址运算符。

2．格式字符

各种格式字符及其说明如表 3-2 所示。

表 3-2　格式字符及其说明

格 式 字 符	说　　明
d、i	用来输入十进制整数
o	用来输入八进制无符号整数
x、X	用来输入十六进制无符号整数
u	用来输入十进制无符号整数
c	用来输入一个字符
s	用来输入一个字符串，送到字符数组中，以非空白字符开始，以第一个空白字符结束
f	用来输入实数，小数、指数都可以
E、e、G、g	与 f 的功能相同，可以互换

各种修饰字符及其说明如表 3-3 所示。

表 3-3　修饰字符及其说明

修 饰 字 符	说　　明
空白字符	包括空格、制表符、换行符，它们将被忽略，但也会导致 scanf()函数抛弃输入中遇到的所有空白字符，直至遇到非空白字符
普通字符	遇到除％外的非空白字符，scanf()函数将它与输入的下一个非空白字符匹配，如果字符相同则匹配成功，这里有可能会出现匹配失败的情况
l	用于输入 double 型数据
域宽	指定输入数据所占宽度，域宽为正整数
*	表示本输入项在读入对应的数据后不赋给相应的变量

3．数据输入操作

（1）如果相邻两个格式说明符之间没有其他字符分隔，则相应的两个输入数据之间，至少用一个空白字符分隔，再输入下一个数据。

```
int d1,d2;scanf("%d%d",&d1,&d2);
```

正确的输入操作为：

```
123□456↙
123 Tab 456↙
123↙
456↙
```

> **注意**：使用"✓"符号表示按 Enter 键操作，在输入数据操作中的作用是，通知系统输入操作结束。

（2）格式字符串中出现的普通字符，务必原样输入。

例如：

```
scanf("%d,%d",&d1,&d2);
```

正确的输入操作为：

```
123,456✓
```

例如：

```
scanf("d1=%d,d2=%d\n",&d1,&d2);
```

正确的输入操作为：

```
d1=123,d2=456\n✓
```

（3）当使用格式说明符"%c"输入单个字符时，空格和转义字符均作为有效字符输入。

例如：

```
scanf("%c%c%c",&c1,&c2,&c3);
```

设输入：

```
a□bc ✓
```

则系统将小写字母'a'赋值给 c1，空格'□'赋值给 c2，小写字母'b'赋值给 c3。

又如：

```
printf("%c %c %c\n",c1 ,c2 , c3);
```

运行结果为：

```
a□b
```

> **思考**：如果输入 656667，则输出结果是什么？

（4）可以指定输入数据所占列数，系统自动截取所需数据。

```
scanf("%3d%3d",&a,&b);
```

输入

```
12345678
```

运行结果为：

```
a=123,b=456
```

4. 说明

（1）格式控制字符串后面应该是变量地址，而不应该是变量名。例如：

```
scanf("%d , %d",a,b);
```

运行程序输入数据后会出现如图 3-6 所示的错误。

图 3-6　运行程序出现错误

（2）当输入数据时，不能规定精度。例如：

```
scanf("%7.2f",&a);
```

输入
```
1234567
```
不能通过这样的表示企图使 a 的值为 12345.67。

（3）当使用 scanf() 函数输入数据时，遇到以下几种情况系统认为该数据输入结束。

- 遇到 Space 键、Enter 键或 Tab 键。
- 遇到输入域宽度结束。
- 遇到非法输入。

例如，在输入数值数据时，遇到字母等非数值符号（数值符号仅由数字字符 0～9、小数点和正负号组成）结束输入操作。
```
scanf( "%d",&a);
```
输入数值：
```
234a12 ✓
```
变量 a 的数值为：
```
234
```

3.6　程序举例

【例 3-6】从键盘输入圆的半径，求圆的面积和周长，结果保留 2 位小数，代码如下：
```
#include <stdio.h>
main()
{ int r;
  float area,peri;
  scanf("%d",&r);
  area=3.1415*r*r;  //C 语言中平方的表示
  peri=2*3.1415*r;
  printf("半径为%d 的圆的面积是%.2f\n",r,area);
  printf("半径为%d 的圆的周长是%.2f\n",r,peri);
}
```
输入数据：
```
10
```
运行结果为：
```
半径为 10 的圆的面积是 314.15
半径为 10 的圆的周长是 62.83
```
【例 3-7】输入一个华氏温度，输出对应的摄氏温度，取 1 位小数，转换公式为：

$$c = \frac{5}{9}(f-32)$$

代码如下：
```
#include <stdio.h>
main()
{float c,f;
 scanf("%f",&f);
 c=5.0/9*(f-32); //注意数学表达式向 C 语言表达式的转换
 printf("%.1f\n",c);
}
```

输入数据：

```
100
```

运行结果为：

```
37.8
```

【例 3-8】从键盘输入一个大写字母，输出对应的小写字母及 ASCII 码值，代码如下：

```
#include <stdio.h>
main()
{ char c1,c2;
  printf("请输入一个大写字母：");
  scanf("%c%c",&c1,&c2);
  c2=c1+32;    //将大写字母转换为小写字母
  printf("%c,%d\n",c2, c2);
}
```

输入数据：

```
A
```

运行结果为：

```
a, 97
```

3.7 常见错误

1. 输入变量时忘记添加地址运算符 "&"

示例代码如下：

```
int a,b;
scanf("%d%d",a,b);
```

上面的输入语句是不合法的。scanf()函数的作用是按照变量 a、b 在内存的地址将 a、b 的值进行保存。"&a" 指 a 在内存中的地址。

2. 输入数据的方式与要求不符

```
scanf("%d%d",&a,&b);
```

在输入数据时，不能使用逗号作为两个数据之间的分隔符，如下面输入是不合法的：

```
3,4
```

在输入数据时，两个数据之间可以使用一个或多个空格分隔，也可以使用 Enter 键或 Tab 键。

```
scanf("%d,%d",&a,&b);
```

C 语言规定，如果在 "格式控制字符串" 中除了格式说明符，还有其他字符，则在输入数据时应该输入与这些字符相同的字符。下面输入是合法的：

```
3,4
```

此时不使用逗号而使用空格或其他字符是不合法的。又如：

```
scanf("a=%d,b=%d",&a,&b);
```

下面输入是合法的：

```
a=3,b=4
```

3. 输入字符的格式与要求不一致

在使用 "%c" 格式输入字符时，"空格字符" 和 "转义字符" 都可以作为有效字符输入。

示例代码如下：

```
scanf("%c%c%c",&c1,&c2,&c3);
```

输入

```
a b c
```

将字符"a"赋给 c1，字符" "赋给 c2，字符"b"赋给 c3，因为"%c"只要求读入一个字符，后面不需要使用空格作为两个字符的间隔。

4．输入/输出的数据类型与所用格式说明符不一致

例如，变量 a 已经被定义为整型，变量 b 被定义为实型；

```
a=3;b=4.5;
printf("%f%d\n",a,b);
```

编译时不给出出错信息，但运行结果将与原意不符，这种错误尤其需要注意。

5．输入数据时企图规定精度

示例代码如下：

```
scanf("%7.2f",&a);
```

这样做是不合法的，输入数据时不能规定精度。

6．在 scanf()函数中加入"\n"

许多初学者受 printf()函数影响总是把输入函数写成"scanf(" %d\n" , &a);"，实际上这不是一个错误，但在运行程序时，输入数据并按 Enter 键后，程序仍不会继续运行，使人感到莫名其妙，再次按 Enter 键后程序才会运行。这是因为在 scanf()函数的格式控制字符串中，所有非格式转换字符和非空格字符在输入时都需要一个相同的字符进行匹配，这样用户就需要多按一次 Enter 键，虽然不能算是真正的错误，却带来了许多麻烦。

7．多加分号

示例代码如下：

```
{
    z = x + y;
    t = z / 100;
    printf( "%f", t );
};
```

在上面代码中，花括号"}"后面的分号";"是合法的 C 语言语句，但是可以省略分号。

课后习题

一、选择题

1．若变量 a、b、c 已经被定义为 float 型，要使用"scanf(" %f　%f　%f " ,&a,&b,&c);"语句将 11.0、22.0 和 33.0 依次赋给变量 a、b、c，下列不正确的输入形式是_____。

A．11<Enter>　　　　　　　　　　B．11.0,22.0,33.0<Enter>

　　22<Enter>

　　33<Enter>

C．11.0<Enter>　　　　　　　　　D．11　22<Enter>

　　22.0　33.0<Enter>　　　　　　　　33<Enter>

2．设 x 是 int 型变量，y 是 float 型变量，使用"scanf("i=%d,f=%f",&x,&y);"语句为这两个变量赋初始值，为了将 10 和 76.52 分别赋给变量 x 和 y，正确的输入为（<CR>为 Enter 键）_____。

    A．10　　76.52<CR>　　　　　　　　B．i=10,f=76.52<CR>

    C．10<CR>76.52<CR>　　　　　　　　D．x=10,y=76.52<CR>

3．以下对 scanf()函数的叙述，正确的是_____。

    A．输入项可以是一个实型常数，如"scanf("%f",3.3);"

    B．只有格式控制，没有输入项，也能正确将数据输入内存，如"scanf("a=%d,b=%d");"

    C．当输入一个实型数据时，格式控制字符串可以规定小数点后的位数，如"scanf("%4.2f",&f);"

    D．当输入数据时，必须指明变量地址，如"scanf("%f",&f);"

4．a、b、c 被定义为 int 型变量，从键盘给 a、b、c 输入数据，正确的输入语句是_____。

    A．INPUT a,b,c　　　　　　　　　　B．scanf("%d%d%d",&a,&b,&c);

    C．scanf("%d%d%d",a,b,c);　　　　　D．read("%d%d%d",&a,&b,&c);

5．下面程序执行后，屏幕上显示的是_____。

```
main()
{ int a;
  float b;
  a=4;
  b=9.5;
  printf("a=%d,b=%4.2f\n",a,b);
}
```

    A．a=%d,b=%f\n　　　　　　　　　B．a=%d,b=%f

    C．a=4,b=9.50　　　　　　　　　　D．a=4,b=9.5

6．若 k、g 均为 int 型变量，则以下程序的输出结果为_____。

```
int k,g;
k=017;
g=111;
printf("%d,",k);
printf("%x\n",g);
```

    A．15,6f　　　　B．f,6f　　　　C．f,111　　　　D．15,111

7．为变量 a 与 b 均赋初值为 18，运行下面的程序，b 的值为_____。

```
main()
{
  int a,b;
  scanf("%d,%o",&a,&b);
  b+=a;
  printf("%d",b);
}
```

    A．36

    B．34

    C．输入错误，b 的值不确定

    D．19

8．putchar()函数可以向终端输出一个_____。

    A．整型变量表达式　　　　　　　B．实型变量值

    C．字符串　　　　　　　　　　　　D．字符

9．根据下面的程序及数据的输入和输出形式，程序中输入语句的正确形式应该为_____。

```
main()
    {   char ch1,ch2,ch3;
        输入语句
        printf("%c %c %c",ch1,ch2,ch3);
    }
    输出形式：A B C
    输入形式：A B C
```

    A．scanf("%c%c%c",&ch1,&ch2,&ch3);

    B．scanf("%c,%c,%c",&ch1,&ch2,&ch3);

    C．scanf("%c %c %c",&ch1,&ch2,&ch3);

    D．scanf("%c%c",&ch1,&ch2,&ch3);

10．阅读以下程序，当输入数据的形式为 25,13,10<CR>（<CR>为 Enter 键），正确的输出结果为_____。

```
main()
{   int x,y,z;
    scanf("%d%d%d",&x,&y,&z);
    printf("x+y+z=%d\n",x+y+z);
}
```

    A．x+y+z=48　　　B．x+y+z=35　　　C．x+z=35　　　　D．不确定值

11．若 a 为整型变量，且有以下语句：

```
a=-017;
printf("%d\n",a);
```

    则下面_____哪个说法是正确的?

    A．赋值不合法　　B．输出值为-17　　C．输出为不确定值　　D．输出值为-15

12．现有以下程序：

```
main()
{ int a,b,c;
  scanf("a=%*d%d,b=%d%*d,c=%d",&a,&b,&c);
  printf("a=%d,b=%d,c=%d\n",a,b,c); }
```

    若输出的结果为 a=20,b=30,c=40，则以下能够正确输入数据的是_____。

    A．a=10]20,b=20]30,c=40　　　　B．20,30,40

    C．a=20,b=30,c=40　　　　　　　D．a=10]20,b=30]20,c=40

    需要注意的使，"]"表示空格。

13．x、y、z 被定义为 int 型变量，若从键盘给 x、y、z 输入数据，则正确的输入语句是_____。

    A．INPUT x、y、z;　　　　　　　B．scanf("%d%d%d",&x,&y,&z);

    C．scanf("%d%d%d",x,y,z);　　　D．read("%d%d%d",&x,&y,&z);

14．若已经定义"int a=-2;"和输出语句"printf(" %8x " ,a);"，则以下正确的叙述是_____。

    A．整型变量的输出形式只有%d 一种

    B．%x 是一种格式符，它可以适用于任何一种类型的数据

    C．%x 是一种格式符，其变量的值按十六进制形式输出，但%8x 是错误的

    D．%8x 不是错误的格式符，其中数字 8 规定了输出字段的宽度

15．下列程序的输出结果是_____。

```
int a=1234;
float b=123.456;
double c=12345.54321;
printf("%2d,%2.1f,%2.1f",a,b,c);
```

    A．无输出

    B．12，123.5,12345.5

    C．1234,123.5,12345.5

    D．1234,123.4,1234.5

16．执行下列程序时输入 123<空格>456<空格>789<Enter>，输出结果是_____。

```
main()
{ char s[100]; int c, i;
 scanf("%c",&c);
 scanf("%d",&i);
 scanf("%s",s);
printf("%c,%d,%s\n",c,i,s);}
```

    A．123,456,789

    B．1,456,789

    C．1,23,456,789

    D．1,23,456

17．若已定义 int a=25,b=14,c=19;，以下三目运算符（?:）所构成语句执行后

a<=25&&b--<=2&&c?printf(" ***a=%d,b=%d,c=%d\n " ,a,b,c):printf(" ###a=%d,b=%d,c=%d\n " , a,b,c);，程序输出结果是_____。

    A．***a=25,b=13,c=19

    B．***a=26,b=14,c=19

    C．### a=25,b=13,c=19

    D．### a=26,b=14,c=19

18．下列程序的输出结果是_____。

```
main()
{ double d=3.2;
  int x,y;
  x=1.2;
  y=(x+3.8)/5.0;
   printf("%d\n", d*y);
}
```

    A．3   B．3.2   C．0   D．3.07

19．调用 gets()函数和 puts()函数时，必须包含的头文件是_____

    A．stdio.h   B．stdlib.h   C．define   D．以上都不对

20．阅读下面程序：

```
#include "stdio.h"
main()
{ char c;
  c=('z'-'a')/2+'A';
  putchar(c);}
```

　　输出结果为_____。

　　A. M　　　　　　B. N　　　　　　　C. O　　　　　　　　D. Q

二、填空题

1. 运行以下程序，若要使 a=5.0，b=4，c=3，则输入数据的形式应该是_____。

```
int b,c;
float a;
scanf("%f,%d,c=%d",&a,&b,&c);
```

2. 若想通过以下输入语句将 1 赋给变量 x，将 2 赋给变量 y，则输入数据的形式应该是_____。

```
int x,y;
scanf("a=%d,b=%d",&x,&y);
```

3. 输入语句 "scanf("%d",k);" 不能使 float 型变量 k 得到正确数值的原因是_____和_____。

4. 读懂程序并填空。

```
#include <stdio.h>
void main()
{
    char ch=0x31;
    printf("%d\n",ch);      //屏幕显示___
    printf("%o\n",ch);      //屏幕显示___
    printf("%x\n",ch);      //屏幕显示___
    printf("%c\n",ch);      //屏幕显示___
}
```

5. 若 x 为 int 型变量，则执行以下语句后 x 的值为_____。

```
x=7; x+=x-=x+x;
```

三、写出程序的运行结果

1. 下面程序的运行结果是_____。

```
main()
  { int a=10;
    printf("%d,%o,%x\n",a,a,a);
  }
```

2. 下面程序的运行结果是_____。

```
main()
  { int x=10,y=20;
    printf("a=%d,b=%d\n",x,y);
  }
```

3. 下面程序的运行结果是_____。

```
main()
  { char c='a';
    printf("%d,%o,%x,%c\n",c,c,c,c);
  }
```

4. 下面程序的运行结果是_____。

```
main()
  { int a=10;
    float x=3.1416;
    printf("%d,%6d\n",a,a);
    printf("%f,%e\n",56.1,568.1);
```

```
        printf("%14f,%14e,%g,%12g\n",x,x,x,x);
    }
```

5. 下面程序的运行结果是_____。

```
main()
    { float x=123.456;
      double y=8765.4567
      printf("%f,%14.3f,%6.4f\n",x,x,x);
      printf("%lf,%14.3lf,%8.4lf,%.4f\n",y,y,y,y);
    }
```

6. 下面程序的运行结果是_____。

```
#include <stdio.h>
main()
 { printf("A=%d,B=%d\n",35,035);
   printf("%f %3f %10.4f\n",2.5,-6.8,1e4);
   printf("%d%%%d\n",623,32768);
   printf("%d,%u\n",'a','b');
 }
```

四、编程题

1. 从键盘上输入两个实型数，编程求它们的和、差、积、商，要求输出结果保留 2 位小数。

2. 从键盘上输入一个梯形的上底、下底和高的值，输出梯形的面积。要求使用实型数据进行计算（保留 2 位小数）。

3. 输入一个除 a 和 z 外的小写英文字母，输出它的前一个小写字母、本身及它后面的一个小写字母。

第 4 章

选择结构

4.1 关系运算

所谓"关系运算"实际上就是"比较运算",即将两个数据进行比较,判定两个数据是否符合给定的关系。

例如,"a > b"中的">"表示一个大于关系运算。如果 a 的值是 5,b 的值是 3,则大于关系运算">"的结果为"真",即条件成立;如果 a 的值是 2,b 的值是 3,则大于关系运算">"的结果为"假",即条件不成立。

4.1.1 关系运算符及优先级

在 C 语言中有以下关系运算符。关系运算符都是双目运算符,其结合性均为左结合。关系运算符的优先级低于算术运算符,高于赋值运算符,如图 4-1 所示。

图 4-1 关系运算符优先级

4.1.2 关系表达式

所谓关系表达式是指用关系运算符将两个表达式连接起来,进行关系运算的式子。

例如,下面的关系表达式都是合法的:

```
c>a+b        //c>(a+b)
a>b!=c       //(a>b)!=c
a==b<c       //a==(b<c)
a=b>c        //a=(b>c)
a>b,8<5»a + b <= c + d, (i = j + k) ! =0
```

关系表达式的值是一个逻辑值,即非真即假的值。于是,表达式 8 < 5 的值为假,而表达式 a > b 的值将取决于 a 与 b 的具体值,但只可能是真或假两种情况之一。

C 语言没有专门的逻辑型数据,而是用"0"表示"假",用"1"表示"真"。

因此，若 a=3，b=2，则 a > b 的值为 1，而 8 < 5 的值为 0。

【例 4-1】关系表达式的计算，代码如下：

```
#include<stdio.h>
main()
{ int x=8,y,z;
  y=z=x++;
  printf("%d  ",(x>y)==(z=x-1));
  x=y==z;
  printf("%d  ",x);
  printf("%d\n",x++>=++y-z--);
}
```

程序执行赋值语句 y=z=x++ 后，得到 z=8，y=8，x=9。第一个 printf() 语句输出的是关系表达式(x>y)==(z=x-1)的值。该表达式中 x>y 的计算结果是 1，z=x–1 的计算结果 8（z=x–1 是赋值表达式），1==8 经过比较后可知该关系表达式的值是 0。执行赋值语句 x=y==z 时，由于 "==" 的优先级高于 "="，所以先进行 y==z 比较，再将比较的结果赋给变量 x。由于 y 和 z 的值均为 8，所以 y==z 的值为 1，从而得到 x=1。第三个 printf() 语句中的输出项是关系表达式 x++>++y-z--的值，即比较 1>=9–8，得到结果为 1。

程序运行后输出结果为：

```
0 1 1
```

> 注意：由于关系表达式的值是 1 或 0，所以关系表达式的值还可以参与其他种类的运算，如算术运算、赋值运算等。

4.2 逻辑运算

关系表达式只能描述单一条件，例如 "a>b"。如果需要描述 "a>b" 同时 "b>c"，就要借助于逻辑表达式了。

4.2.1 逻辑运算符及优先级

C 语言了提供了以下 3 种逻辑运算符。

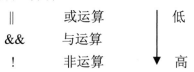

运算符 "&&" 和 "||" 均为双目运算符，具有左结合性。非运算符 "!" 为单目运算符，具有右结合性。逻辑运算符和其他运算符优先级的关系如图 4-2 所示。

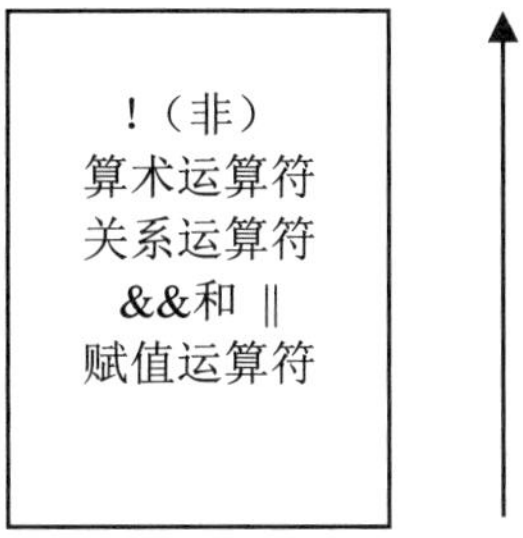

```
!（非）
算术运算符
关系运算符
&& 和 ||
赋值运算符
```

图 4-2 逻辑运算符和其他运算符优先级的关系

4.2.2 逻辑表达式

逻辑表达式是指用逻辑运算符将 1 个或多个表达式连接起来，进行逻辑运算的式子。在 C 语言中，用逻辑表达式可以表示多个条件的组合。例如：

```
a>b&&x>y,a==b||x==y
```

逻辑运算的值如表 4-1 所示。

表 4-1 逻辑运算的值

a	b	!a	!b	a&&b	a||b
真	真	假	假	真	真
真	假	假	真	假	真
假	真	真	假	假	真
假	假	真	真	假	假

在 C 语言中，用 "1" 来表示 "真"、用 "0" 来表示 "假"。但是在判断一个数据的 "真" 或 "假" 时，以 0 和非 0 为根据。如果值为 0，则判断为 "逻辑假"；如果值为非 0，则判断为 "逻辑真"。

逻辑运算的值在 C 语言中的表示如表 4-2 所示。

表 4-2 逻辑运算的值在 C 语言中的表示

a	b	!a	!b	a&&b	a||b
非 0	非 0	0	0	1	1
非 0	0	0	1	0	1
0	非 0	1	0	0	1
0	0	1	1	0	0

例如：

```
a=4;b=5;
```

- !a 的值为 0。
- a&&b 的值为 1。
- a||b 的值为 1。
- !a||b 的值为 1。
- 4&&0||2 的值为 1。
- 5>3&&2||8<4-!0 的值为 1。
- 'c'&&'d'的值为 1。

注意：

逻辑表达式在求解时，并非所有的表达式都会被执行，只有在必须执行下一个表达式才能求出整个表达式的解时，才会执行该表达式。例如：

```
a&&b&&c              //只有在表达式 a 的值为真时，才会判断表达式 b 的值；只有在表达式 a、
b 的值都为真时，才会判断表达式 c 的值
a||b||c              //只有在表达式 a 的值为假时，才会判断表达式 b 的值；只有在表达式 a、
b 都为假时，才会判断表达式 c 的值
m=2;n=3;             //执行表达式 (m=0)&&(n=0) 后，m、n 的值分别是多少
```

通过逻辑表达式，可以表示一个复杂的条件。例如，数学表达式 a>b>c，转换为 C 语言表达式为 a>b &&b >c。

例如，可以用逻辑表达式来判断某一年份是否为闰年。

判断闰年的两个条件如下。

（1）被 4 整除，但不能被 100 整除。

（2）能被 400 整除。

这时可以使用一个逻辑表达式来表示。例如：

```
(year%4==0&&year% 100!=0)||(year%400==0)
```

当 year 为某一整数时，如果能够使上述表达式的值为真（1），则 year 为闰年；否则 year 为平年。

也可以添加一个"!"用来判断是否是闰年。

```
!((year%4==0&&year% 100!=0)||(year%400==0))
```

4.3 if 语句

4.3.1 if 语句的三种基本形式

1. 单分支选择 if 语句

if 语句的语法格式如下：

```
if(表达式) 语句
```

例如：

```
if(a>b) printf("%d\n",x);
```

执行过程：如果表达式的值为真（非 0），则执行后面的语句，否则不执行该语句，如图 4-3 所示。

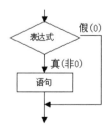

图 4-3 if 语句的执行过程

【**例 4-2**】猜数游戏。先将要猜的整数存放在变量 num 中，当程序运行时，提示游戏者通过键盘输入自己所猜的数 cai，若猜对了，则 cai==num，屏幕显示 "**恭喜你猜中了！**"，结束程序运行；否则直接结束程序运行，代码如下：

```
#include <stdio.h>
 main()
{ int num=135,cai;
  printf("请输入你所猜的数:");
  scanf("%d",&cai);
  if (cai==num)
  printf("**恭喜你猜中了!**\n");
}
```

运行结果为：

```
请输入你所猜的数: 135
**恭喜你猜中了!**
```

在程序中输入一个整数，如果 cai 的值和预先设定的 num 值相等，则输出 "**恭喜你猜中了！**"。如果不相等，则不进行任何操作。

【**例 4-3**】从键盘上输入两个整数，将其按照从大到小的顺序输出，代码如下：

```
#include <stdio.h>
 main()
{ int x,y,t;
  printf("请输入两个整数:");
  scanf("%d%d",&x,&y);
  if (x<y)
  {t=x;x=y;y=t;}          //交换变量 x 与 y 的值
  printf("%d,%d\n",x,y);
}
```

运行结果为：

```
请输入两个整数: 2  5
5,2
```

两个数据的交换过程演示如图 4-4 所示。

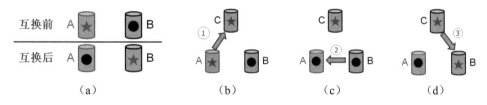

互换前 互换后 （a） ① ② ③ （b） （c） （d）

图 4-4 两个数据的交换过程演示

2．双分支选择 if...else 语句

if...else 语句的语法格式如下：

```
if(表达式) 语句 1
    else 语句 2
```

执行过程：如果表达式的值为真（非 0），则执行 if 后面的语句 1，否则执行 else 后面的语句 2，如图 4-5 所示。

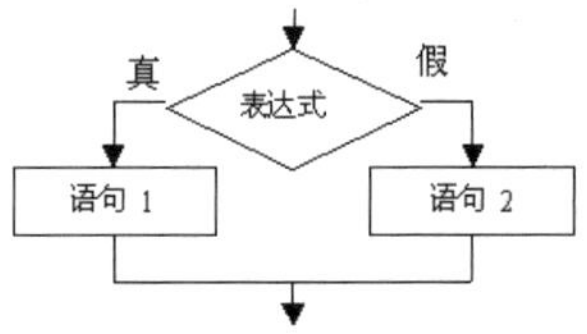

图 4-5 if...else 语句的执行过程

【例 4-4】从键盘上输入两个整数，求出两者的最小值，代码如下：

```
#include <stdio.h>
 main()
{ int x,y,min;
  printf("请输入两个整数:");
  scanf("%d%d",&x,&y);
  if (x<y)  min=x;
  else    min=y;
  printf("最小值是%d\n",min);
}
```

运行结果为：

```
请输入两个整数: 3  7
最小值是 3
```

在上面程序中输入两个整数 x、y，判断 x<y 是否成立。如果成立则执行 if 后面的语句，将 x 的值赋给 min；如果不成立则执行 else 后面的语句，将 y 的值赋给 min，最后输出最小值 min。

【例 4-5】从键盘上输入一个年份，判断其是否是闰年，代码如下：

```
#include <stdio.h>
 main()
{  int year;
  printf("请输入一个年份:");
  scanf("%d",& year);
  if((year%4==0 && year%100!=0)||(year%400==0))
  printf("%d 年是闰年\n",year);
  else printf("%d 年不是闰年\n",year);
}
```

运行结果为：

```
请输入一个年份: 2017
2017 年不是闰年
```

3. 多分支选择 if...else...if 语句

if...else...if 语句的语法格式如下：

```
if(表达式 1)
      语句 1;
    else  if(表达式 2)
      语句 2;
    else  if(表达式 3)
      语句 3;
      …
    else  if(表达式 m)
      语句 m;
```

```
else
    语句 n;
```

执行过程：如果表达式 1 的值为真（非 0），则执行 if 后面的语句 1，否则判断表达式 2 的值是否为真，如果表达式 2 的值为真则执行语句 2，否则判断表达式 3。如果以此类推，所有表达式都不成立，则执行语句 n，如图 4-6 所示。

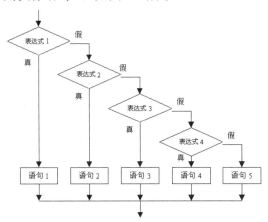

图 4-6 if...else...if 语句的执行过程

【例 4-6】从键盘上输入两个整数，判断其大小关系并将结果输出，代码如下：

```
#include<stdio.h>
main()
{   int x,y;
    printf("请输入两个整数x,y:");
    scanf("%d,%d",&x,&y);
    if(x>y)  printf("X>Y\n");
        else if(x<y)  printf("X<Y\n");
    else
    printf("X==Y\n");
}
```

运行结果为：

```
请输入两个整数x,y:3,4
X<Y
```

在上面程序中输入两个要比较的整数 x、y，先判断 x>y 是否成立，如果成立则输出"X>Y"，如果不成立则进行第二个条件判断，即 x<y 是否成立，如果成立则输出"X<Y"，否则输出"X==Y"。

4．注意问题

（1）if 后面可以跟任何形式的表达式。比较常见的是关系表达式和逻辑表达式，除此之外也可以是算术表达式、赋值表达式，甚至可以是一个变量、常量。例如：

```
if(x=1)printf("%d\n",x);      //注意与if(x==1)printf("%d\n",x)的区别
if(x)printf("%d\n",x);        //根据x的取值来判断是否执行输出语句
if(1)printf("%d\n",x);        //如果条件成立，则执行输出语句
if(0)printf("%d\n",x);        //如果条件不成立，则执行else语句
```

（2）if 后面的条件表达式必须用括号括起来，条件表达式只能跟在 if 的后面，if 和 else 后面的语句都要添加分号。

（3）else 必须与 if 配对使用，不能单独作为语句使用。

（4）if 和 else 后面可以跟一条简单语句，也可以跟多条语句，但是必须用花括号括起来，以复合语句的形式出现。

【例 4-7】从键盘上输入两个整数，如果 x>y 则交换 x、y 的值，否则 x、y 各自加 1，然后输出 x、y 的值，代码如下：

```
#include<stdio.h>
main()
{   int x,y,t;
    printf("请输入两个整数 x,y:");
    scanf("%d,%d",&x,&y);
    if(x>y)
      t=x;x=y;y=t;
    else
        x++;y++;
    printf("%d,%d",x,y);
}
```

程序在编译时出现语法错误"illegal else without matching if"。因为 if 后面跟了 3 条语句，但没有以复合语句的形式出现，系统判定 if 语句为第一种形式 "if(x>y)t=x;"，所以 else 就成了单独使用的语句，出现了语法错误。我们将 if 语句修改为 if(x>y) {t=x;x=y;y=t;}编译通过。试着输入 "5,3"，看一下输出结果是什么？自己分析一下原因。

4.3.2　if 语句的嵌套

if、else 后面的语句可以是各种形式，如果还是一个 if 语句，这就是 if 语句的嵌套。

if 语句有以下 3 几种嵌套形式。

第一种嵌套形式：

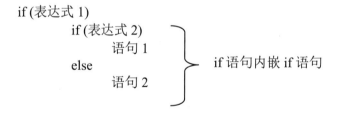

第二种嵌套形式：

```
if(表达式 1)
        语句 1
else
    if(表达式 2)
        语句 2
    else
        语句 3
```

else 语句内嵌 if 语句

第三种嵌套形式：

if(表达式 1)

    if(表达式 2)   语句 1   } if 语句内嵌 if 语句
    else   语句 2

else

    if(表达式 3)   语句 3
    else   语句 4   } else 语句内嵌 if 语句

对于 if 语句的嵌套，先要厘清 if 和 else 之间的对应关系。C 语言规定，else 总是跟上面离它最近并且没有配对的 if 相配对。例如：

```
if(a!=b)
        if(a>b)  printf("a>b");
        else printf("a<b");              //else 与第二个 if 配对，执行条件为 a<b
```

也可以通过花括号{}来改变 if、else 之间的对应关系。例如：

```
if(a!=b)
        { if(a>b)  printf("a>b");}
        else printf("a=b");              //else 与第一个 if 配对，执行条件为 a==b
```

【例 4-8】在例 4-2 的基础上，增加新的功能：如果猜错了，屏幕除了显示"**对不起，你猜错了！**"，还会显示"**猜大了**"或"**猜小了**"的信息，以帮助游戏者继续往正确的方面猜，代码如下：

```
#include <stdio.h>
main()
{ int num=135,cai;
  printf("请输入你所猜的数:");
  scanf("%d",&cai);
  if (cai==num)
  printf("**恭喜你猜中了!**\n");
  else                            //else 语句内嵌 if 语句
   { printf("**对不起，你猜错了！**\n");
    if (cai>num)
     printf("**猜大了**\n");
    else
     printf("**猜小了**\n");
   }
}
```

运行结果为：

```
请输入你所猜的数:12
**对不起，你猜错了！**
**猜小了**
```

【例 4-9】输入任意三个整数，求三个数中的最小值。

解题思路：先求出前两个数的最小值，再跟第三个数比较得到最小值。

代码如下：

```
#include<stdio.h>
main()
{ int a,b,c;
  scanf("%d,%d,%d",&a,&b,&c);
```

```
  if (a>b)
     if (b>c)  printf("最小值是%d\n",c);
     else      printf("最小值是%d\n",b);
  else
     if (a>c) printf("最小值是%d\n", c);
     else      printf("最小值是%d\n", a);
  }
```

运行结果为：

```
12,22,5
最小值是 5
```

在上面程序中分别输入 a、b、c 的值为 12、22、5，因为 a 的值 12 小于 b 的值 22，所以执行 else 后面的语句。因为 a 的值 12 大于 c 的值 5，所以输出最小值 5。

4.3.3　条件运算符

条件运算符（? :）是 C 语言中唯一的一个三目运算符，它连接 3 个运算量，语法格式如下：

```
表达式 1?表达式 2:表达式 3
```

条件表达式的执行过程：先求解表达式 1，若为真（非 0）则把表达式 2 的值作为整个表达式的值，否则把表达式 3 的值作为整个表达式的值。

例如：

```
if(a>b)  max=a;
   else max=b;
```

可以将条件表达式写为：

```
max=(a>b)?a:b;
```

> **说明：**
> （1）条件运算符的优先级高于赋值运算符，低于关系运算符和算术运算符。例如，"max=(x>y)?x:y;" 可以写为 "max=x>y?x:y;"。
> （2）条件运算符的结合方向是自右向左的。例如，a>b?a:c>d?c:d 应理解为 a>b?a:(c>d?c:d)。
> （3）在条件表达式中，3 个表达式的类型可以互不相同，此时表达式的值的类型为表达式 2、表达式 3 中较高的类型。例如，x>y?1.0:1.5；当 x<=y 时，表达式的值为 1.5，当 x>y 时，表达式的值为 1.0。

条件表达式的本质也是一个值，因此它也可以出现在值可以出现的任何地方。例如，"printf("%d\n", a > b ? a : b);" 语句用于输出 a、b 中较大者。

【例 4-10】从键盘接收一个字符存放在变量 c 中。若输入的是小写字母，则转换成大写字母，大写字母及其他字符均不必转换，代码如下：

```
#include<stdio.h>
main()
{ char c;
  scanf("%c",&c);
  c=c>='a'&&c<='z'?c-32:c;
  printf("%c\n",c);
}
```

运行结果为：

```
a
A
```

4.4　switch 语句

我们在文面曾讲过，if...else...if 结构提供了一种多分支选择的功能，这种结构的问题在实际中是经常遇到的，为此 C 语言还专门提供了一种用于多分支选择结构的 switch 语句。

switch 语句的语法格式如下：

```
switch(表达式)
{  case  常量表达式 1 :语句 1
   case  常量表达式 2 :语句 2
      ...
   case  常量表达式 n :语句 n
   default :  语句 n+1
}
```

switch 语句的执行过程如图 4-7 所示。

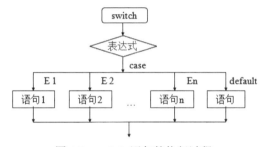

图 4-7　switch 语句的执行过程

先计算表达式的值，如果其值与哪个常量表达式的值相匹配，就执行哪个 case 后的语句序列；如果表达式的值与所有列举的常量表达式的值都不匹配，则执行 default 后面的语句序列。

【例 4-11】从键盘输入一个分数等级，输出对应的分数范围，代码如下：

```
//score≥90，等级为 A
//80≤score<90，等级为 B
//70≤score<80，等级为 C
//60≤score<70，等级为 D
//score<60，等级为 E
#include<stdio.h>
main()
{  char grade;
   printf("请输入分数等级：");
   scanf("%c",&grade);
   switch (grade)
   {
   case 'A':printf("90~100\n");
   case 'B':printf("80~89\n");
   case 'C':printf("70~79\n");
   case 'D':printf("60~69\n");
   case 'E':printf("<60\n");
```

```
     default:printf("输入错误! \n");
     }
}
```

运行结果为:

```
请输入分数等级: D
60~69
<60
输入错误!
```

从运行结果可以看到,当输入 D 之后,执行 case 'D'后面的输出语句,但同时也输出了 case 'E'和 default 后面的输出语句。为什么会出现这种情况呢?在 switch 语句中,"case 常量表达式"只相当于一个语句标号,表达式的值和某标号相等则转向该标号执行,但不能在执行完该标号的语句后自动跳出整个 switch 语句,所以出现了继续执行所有后面 case 语句的情况。这与前文介绍的 if 语句完全不同,应该需要特别注意。为了避免出现上述情况,C 语言还提供了一种 break 语句,专门用于跳出 switch 语句。修改例 4-11 的程序,在每一个 case 语句后面添加 break 语句,使每一次执行之后均可跳出 switch 语句,从而避免输出不应该有的结果。

修改之后的程序代码如下:

```
#include<stdio.h>
main()
{   char grade;
    printf("请输入分数等级: ");
    scanf("%c",&grade);
    switch (grade)
    {
    case 'A':printf("90~100\n");break;
    case 'B':printf("80~89\n"); break;
    case 'C':printf("70~79\n"); break;
    case 'D':printf("60~69\n"); break;
    case 'E':printf("<60\n"); break;
    default:printf("输入错误! \n"); break;
    }
}
```

运行结果为:

```
请输入分数等级: D
60~69
```

【例 4-12】简单计算器程序。用户从键盘输入操作数和运算符,输出计算结果,代码如下:

```
#include<stdio.h>
main()
{   char oper;
    float a,b;
    printf("请输入操作数和运算符: ");
    scanf("%f%c%f",&a,&oper,&b);
    switch (oper)
    {
    case '+':printf("%.2f+%.2f=%.2f\n",a,b,a+b);break;
    case '-':printf("%.2f-%.2f=%.2f\n",a,b,a-b);break;
```

```
    case '*':printf("%.2f*%.2f=%.2f\n",a,b,a*b);break;
    case '/':printf("%.2f/%.2f=%.2f\n",a,b,a/b);break;
    default:printf("输入错误! \n");break;
    }
}
```

运行结果为:

```
请输入操作数和运算符: 1.2+2.5
1.20+2.50=3.70
```

> **说明:**
> (1) switch 后面的表达式可以是整型、字符型和枚举型中的一种。
> (2) 每个 case 后面常量表达式的值,必须互不相同。
> (3) case 后面的常量表达式仅起到语句标号的作用,并不进行条件判断。系统一旦找到入口标号,就从此标号开始执行,不再进行标号判断。
> (4) 各 case 和 default 子句的先后顺序可以变动,而不会影响程序的执行结果。
> (5) default 子句可以省略。
> (6) 多个 case 子句,可以共用一组语句。例如:
>
> ```
>     case  'A':
>     case  'B':
>     case  'C':
>     case  'D': printf("score>60\n"); break;
>     …
> ```
>
> (7) switch 语句也可以嵌套,break 语句只跳出它所在的 switch 语句。

【例 4-13】 switch 语句嵌套,代码如下:

```
#include<stdio.h>
main()
{ int a=2, b=7, c=5;
  switch (a>0)
 { case 1: switch(b<0)
              { case 0: printf("@"); break;
                case 1: printf("!"); break;}
   case 0: switch(c==5)
              { case 0: printf("*"); break;
                case 1: printf("#"); break;
                default: printf("$"); break;}
   default: printf("&\n"); }
 }
```

运行结果为:

```
@#&
```

4.5 程序举例

【例 4-14】 将任意三个整数按照从小到大的顺序输出。

解题思路:首先将前两个数进行比较,如果不满足条件则进行交换,然后第二个数和第三个数进行比较,如果不满足条件则进行交换,这样第三个数就是最大值。最后将前两个数再次进行比较,如果不满足条件则进行交换,排序完成。

代码如下：

```
#include<stdio.h>
main()
{int x,y,z,t;
scanf("%d,%d,%d",&x,&y,&z);
if(x>y) {t=x;x=y;y=t;}
if(y>z) {t=y;y=z;z=t;}
if(x>y) {t=y;y=x;x=t;}
printf("%d,%d,%d\n",x,y,z);
}
```

【例 4-15】从键盘输入一个年份，判断是否是闰年。

第一种方法：

```
#include<stdio.h>
main()
{   int year,leap;
    scanf("%d",&year);
    if(year%4==0)
      { if(year%100==0)
         {if(year%400==0)
            leap=1;
           else leap=0;}
         else leap=1;}
    else leap=0;
    if(leap)
    printf("%d 年是闰年",year);
    else printf("%d 年不是闰年",year);
}
```

第二种方法：

```
#include<stdio.h>
main()
{   int year,leap;
    scanf("%d",&year);
    if(year%4!=0)
        leap=0;
    else  if(year%100!=0)
          leap=1;
    else  if (year%400!=0)
          leap=0;
     else  leap=1;
    if(leap)
    printf("%d 年是闰年",year);
    else printf("%d 年不是闰年",year);
}
```

【例 4-16】从键盘输入一个百分制成绩 score，按下列原则输出其等级，代码如下：

```
//score≥90，等级为 A
//80≤score<90，等级为 B
//70≤score<80，等级为 C
//60≤score<70，等级为 D
//score<60，等级为 E
#include<stdio.h>
main()
{ int  score, grade;
```

```
    printf("请输入百分制成绩(0~100): ");
    scanf("%d",&score);
    grade = score/10;
    switch (grade)
    { case  10:
      case  9: printf("成绩等级为 A\n"); break;
      case  8: printf("成绩等级为 B\n"); break;
      case  7: printf("成绩等级为 C\n"); break;
      case  6: printf("成绩等级为 D\n"); break;
      case  5:
      case  4:
      case  3:
      case  2:
      case  1:
      case  0: printf("成绩等级为 E\n"); break;
      default: printf("成绩超出范围!\n");
    }
}
```

4.6 常见错误

1. 忘记必要的逻辑运算符

例如：

```
if (a > b > c)
```

本意为如果 a>b 并且 b>c。由于数学中使用 a>b>c 的形式，也就把它搬到计算机程序中。而在 C 语言中，a>b>c 的求值是先求 a>b，得到一个逻辑值 0 或 1，再将这个逻辑值与 c 进行比较，结果当然是不对的。对于这种情况，应该使用逻辑表达式，写成 if(a > b&&b > c)

2. 误把赋值作为等于运算符

例如：

```
if (x = 1)
```

本意是如果 x 等于 1，而 x=1 并不是关系表达式，它是一个赋值表达式，这时表达式的值永远为真（非 0 值 1），而不管 x 原来是什么值。正确的等于运算符是“==”，由于受数学或其他语言的影响，这种错误是经常出现的。上面的式子应写成：

```
if (x == 1)
```

或者写成：

```
if (1 == x)
```

这样，当将 if(1==x)写成 if(1 = x)时编译程序就会为用户指出错误。

3. 该用复合语句时忘记编写花括号

例如：

```
if (a > b) temp = a ; a=b ; b = temp ;
```

由于没有编写花括号，if 的影响只限于“temp = a ;”一条语句，而不管 (a > b)是否为真，都将执行后面两个赋值语句，正确的写法应该是：

```
if (a > b) { temp = a ; a = b ; b = temp ;}
```

4．在不该添加分号的地方添加了分号

例如：

```
if (a = = b); c = a + b ;
```

本意是如果 a 等于 b 则执行 c=a+b，但由于 if(a==b)语句后面有分号，c=a+b 在任何情况下都要执行。因为 if 语句后面添加分号相当于后跟一个空语句，这种错误是因为习惯在每行的末尾都添加分号所致。正确的写法应该是：

```
if (a == b)
c = a + b ;
```

5．else 之前的语句丢失分号

例如：

```
if (a > b) max= a
else   max = b;
```

在 C 语言中，分号是语句的结束符，一个语句的末尾必须要有一个分号，正确的写法应该是：

```
if ( a > b) max = a ;
else   max = b;
```

6．在 switch 语句中忘掉了必要的 break

例如：

```
switch (score)
{case 5 : printf("very good");
 case 4 : printf("good");
 case 3 : printf("pass");
 case 2 : printf("fail");
default: printf("error");
}
```

当 score 的值是 5 时，输出 very good good pass fail error 的原因是丢失了 break 语句。正确的写法应该是：

```
switch (score)
{case 5 : printf("very good");break;
 case 4 : printf("good"); break;
 case 3 : printf("pass"); break;
 case 2 : printf("fail"); break;
default: printf("error"); break;
}
```

课后习题

一、选择题

1．结构化程序设计使用的基本程序控制结构为_____。

    A．模块结构、选择结构和递归结构   B．条件结构、顺序结构和过程结构

    C．顺序结构、选择结构和循环结构   D．转移结构、嵌套结构和递归结构

2．若要求在 if 后面一对圆括号中表示 a 不等于 0 的关系，则下列能正确表示这一关系的表达式是_____。

    A．a<>0   B．!a   C．a==0   D．a

3. 下面的程序_____。

```
main()
  { int x=3,y=0,z=0;
    if (x=y+z) printf("****");
    else     printf("####");
  }
```

    A. 有语法错误，不能通过编译

    B. 输出****

    C. 可以通过编译，但不能通过连接，因而不能运行

    D. 输出####

4. 下面的程序在运行时，若从键盘输入 3 和 4，则输出结果为_____。

```
main()
  { int a,b,s;
    scanf("%d%d",&a,&b);
    s=a;
    if (s<b) s=b;
    s=s*s;
    printf("%d\n",s);
  }
```

    A. 14   B. 16   C. 18   D. 20

5. 下面的程序在运行时，若从键盘输入 5，则输出结果为_____。

```
main()
  { int a;
    scanf("%d",&a);
    if (a++>5) printf("%d\n",a);
    else     printf("%d\n",a--);
  }
```

    A. 7   B. 6   C. 5   D. 4

6. 若所有变量均已被正确定义，则下面程序运行后 x 的值是_____。

```
a=b=c=0; x=35;
if (!a) x--;
else if (b) ;
if (c) x=3;
else  x=4;
```

    A. 34   B. 4   C. 35   D. 3

7. 若所有变量均已被正确定义，则下面程序所表示的数学函数关系是_____。

```
y=-1;
if (x!=0)
if (x>0)  y=1;
else  y=0;
```

       $-1(x<0)$ $1(x<0)$

    A. $y=0(x=0)$ B. $y=-1(x=0)$

          $1(x>0)$ $0(x>0)$

          $0(x<0)$ $-1(x<0)$

    C. $y=-1(x=0)$ D. $y=1(x=0)$

$$1(x>0) \qquad\qquad 0(x>0)$$

8. 下列与"y=(x>0?1:x<0?–1:0);"功能相同的 if 语句是_____。

A. if (x>0) y=1;
   else if (x<0) y= –1;
   else y=0;

B. if (x)
   if (x>0) y=1;
   else if (x<0) y= –1;
   else y=0;

C. y= –1;
   if (x)
   if (x>0) y=1;
   else if (x==0) y=0;
   else y= –1;

D. y=0;
   if (x>=0)
   if (x>0) y=1;
   else y= –1;

9. 若定义"loat x; int a,b;"则下列 4 组 switch 语句中正确的是_____。

A. switch (x)
   { case 1.0: printf("*\n");
     case 2.0: printf("**\n");
   }

B. switch (x)
   { case 1,2: printf("*\n");
     case 3: printf("**\n");
   }

C. switch (a+b)
   { case 1: printf("*\n");
     case 1+2: printf("**\n");
   }

D. switch (a+b);
   { case 1: printf("*\n");
     case 2: printf("**\n");
   }

10. 在 C 语言的 if 语句中，用作判断的表达式为_____。

A. 关系表达式
B. 逻辑表达式
C. 算术表达式
D. 任意表达式

11. 下面程序的输出结果为_____。

```
int a,b,c;
a=7;b=8;c=9;
if(a>b)
    a=b,b=c;c=a;
printf("a=%d b=%d c=%d\n",a,b,c);
```

A. a=7 b=8 c=7
B. a=7 b=9 c=7
C. a=8 b=9 c=7
D. a=8 b=9 c=8

12. 下面能正确表示"当 x 的取值在[1,10]和[200,210]范围内时其值为真，否则为假"的表达式是_____。

A. (x>=1) &&(x<=10) &&(x> = 200) &&(x<=210)
B. (x>=1) || (x<=10) ||(x>=200) ||(x<=210)
C. (x>=1) &&(x<=10)||(x> = 200) &&(x<=210)
D. (x > =1)||(x< =10) && (x> = 200)||(x<=210)

13. 判断 char 型变量 ch 是否为大写字母的正确表达式是_____。

A. 'A' <=ch<='Z'
B. (ch> = 'A')&(ch<=' Z')

C. (ch>=' A')&&(ch<='Z')　　　　　　D. (' A' < = ch)AND('Z'> = ch)

14. 若想要当 A 的值为奇数时，表达式的值为真，当 A 的值为偶数时，表达式的值为假。则以下不能满足要求的表达式是_____。

　　A. A%2= =1　　　B. !(A%2 = =0)　　C. !(A%2)　　　　　D. A%2

15. 下面程序的运行结果是_____。

```
#include "stdio.h"
main()
{int a,b,d= 241;
a=d/100 % 9
b= (-1)&&(-1);
printf("%d,%d",a ,b);
}
```

　　A. 6,1　　　　　B. 2,1　　　　　C. 6,0　　　　　D. 2,0

16. 下面不正确的 if 语句形式是_____。

　　A. if(x>y && x!=y);

　　B. if(x= =y) x+=y;

　　C. if(x != y) scanf("%d",&x) else scanf("%d",&y);

　　D. if(X<Y) {X++;Y++;}

17. 在下面条件语句中，功能与其他语句不同的是_____。

　　A. if(a) printf("%d\n",x); else printf("%d\n",y);

　　B. if(a==0) printf("%d\n",y); else printf("%d\n",x);

　　C. if (a!=0) printf("%d\n",x); else printf("%d\n",y);

　　D. if(a==0) printf("%d\n",x); else printf("%d\n",y);

18. 设 a=1，b=2，c=3，d=4，表达式 a<b?a:c<d?a:d 的结果为_____。

　　A. 4　　　　　　　　　　　B. 3

　　C. 2　　　　　　　　　　　D. 1

19. 当 a=1，b=3，c=5，d=4 时，执行下面程序后，x 的值为_____。

```
if(a<b)
    if(c<d)x=1;
    else if(a<c)
        if(b<d)x=2;
        else x=3;
    else x=6;
else x=7;
```

　　A. 1　　　　　B. 2　　　　　C. 3　　　　　D. 6

20. 以下程序中与 "k=a>b?(b>c?1:0):0;" 语句功能等价的是_____。

　　A. if((a>b) &&(b>c))k=1;　　　　　B.　 if((a>b) ||(b>c))k=1
　　　　　　　　else k=0;　　　　　　　　　　　　else k=0;

　　C. if(a<=b)　k=0;　　　　　　　　D. if(a>b)　k=1;
　　　　　　else if(b<=c)k=1;　　　　　　　　else if(b>c)k=1;
　　　　　　　　　　　　　　　　　　　　　　　　　else k=0;

21. 两次运行下面的程序，如果从键盘上分别输入 6 和 4，则输出结果是_____。

```
main( )
{ int x;
scanf("%d",&x);
if(x + + >5) printf("%d",x);
else    printf("%d\n",x--);    }
```

A. 7 和 5   B. 6 和 3   C. 7 和 4   D. 6 和 4

22. 下面程序的输出结果是_____。

    A. -1   B. 0   C. 1   D. 不确定的值

```
main()
{ int x=100, a=10, b=20, ok1=5, ok2=0;
if(a<b)
if(b!=15)
if(!ok1)
x=1;
else
if(ok2)x=10;
x=-1;
printf("%d\n",x);}
```

23. 设 x 和 y 均为 int 型变量，"x+=y;y=x-y;x-=y;" 语句的功能是_____

    A. 把 x 和 y 按从大到小的顺序排列

    B. 把 x 和 y 按从小到大的顺序排列

    C. 无确定结果

    D. 交换 x 和 y 的值

24. 有以下程序：

```
main()
{ int a=15,b=21,m=0;
switch(a%3)
{ case 0:m++;break;
  case 1:m++;
   switch(b%2)
  { default:m++;
    case 0:m++;break;
   }
 }
printf("%d\n",m);
 }
```

程序运行后的输出结果是_____。

    A. 1   B. 2   C. 3   D. 4

25. 下面能正确表示 a 和 b 同时为正或同时为负的逻辑表达式是_____。

    A. (a>=0 ‖ b>=0)&&(a<0 ‖ b<0)   B. (a>=0&&b>=0)&&(a<0&&b<0)

    C. (a+b>0)&&(a+b<=0)   D. a*b>0

二、填空题

1. 当 a、b、c 的初值分别为 3、4、5 时，以下程序运行后 a、b、c 的值分别为多少？

```
if(a>c)
  {a=b;b=c;c=a;}
  else
  {a=c;c=b;b=a;}
```

上面程序运行后 a、b、c 的值分别为＿＿＿＿、＿＿＿＿、＿＿＿＿。

```
if(a<c)
    a=c;
  else
    a=b;c=b;b=a;
```

上面程序运行后 a、b、c 的值分别为＿＿＿＿、＿＿＿＿、＿＿＿＿。

```
if(a!=c) a=b;
  else
    a=c;c=b;b=a;
```

上面程序运行后 a、b、c 的值分别为＿＿＿＿、＿＿＿＿、＿＿＿＿。

2．当 a=3、b=4、c=5 时，写出下列各式的值。

　　a<b 的值为＿＿＿＿，a<=b 的值为＿＿＿＿。

　　a==c 的值为＿＿＿＿，a!=c 的值为＿＿＿＿。

　　a&&b 的值为＿＿＿＿，!a&&b 的值为＿＿＿＿。

　　a||c 的值为＿＿＿＿，!a||c 的值为＿＿＿＿。

　　a+b>c&&b==c 的值为＿＿＿＿。

3．若变量 x 的值分别为 95、87、100、43、66、79，则下面程序运行后屏幕显示什么？

```
switch(x/10)
{ case 6:
  case 7:
     printf("Pass\n");
     break;
  case 8:
     printf("Good\n");
     break;
  case 9:
  case 10:
     printf("VeryGood\n");
     break;
  default:
     printf("Fail\n");
}
```

当 x 等于 95 时，程序运行后屏幕上显示＿＿＿＿。

当 x 等于 87 时，程序运行后屏幕上显示＿＿＿＿。

当 x 等于 100 时，程序运行后屏幕上显示＿＿＿＿。

当 x 等于 43 时，程序运行后屏幕上显示＿＿＿＿。

当 x 等于 66 时，程序运行后屏幕上显示＿＿＿＿。

当 x 等于 79 时，程序运行后屏幕上显示＿＿＿＿。

4．下面程序要求用户输入两个整数和一个字符。字符必须是'+'、'-'、'*'、'/'其中的一个，并输出两个整数进行相应运算的结果。

例如：输入"123,34,+"，程序输出结果为 123+34=157，请填空。

```
#include <stdio.h>
void main()
{
  float d1,d2,result;
```

```
   char op;
   int error=0;
   scanf("%f,%f,%c",&d1,&d2,&op);
   switch(op)
   {
     case '+':result=___;break;
     case '-':result=___;break;
     case '*':result=___;break;
     case '/':result=___;break;
     default :error=1;
   }
   if(error)
     printf("运算操作符输入有错!");
   else
     printf("%.2f%c%.2f=%.2f\n",___);
}
```

5. 以下程序运行后的输出结果是_____。

```
main()
{ int a=1,b=2,c=3;
  if(c=a) printf("%d\n",c);
  else printf("%d\n",b);
}
```

6. 以下程序运行后的输出结果是_____。

```
main()
{
   int a=3,b=4,c=5,t=99;
   if(b)
   if(a)
   printf("%d%d%d\n", b,c,t);
}
```

7. 以下程序运行后的输出结果是_____。

```
main()
{
   int a,b,c
   a=10;b=20;c=(a%b<1)||(a/b>1);
   printf("%d %d %d\n",a,b,c);
}
```

8. 以下程序运行后的输出结果是_____。

```
main()
{ int x=1,y=0,a=0,b=0;
  switch(x)
{case 1:switch(y)
     { case 0:a++; break;
       case 1:b++; break;
     }
case 2:a++;b++; break;
}
printf("%d %d\n",a,b);
}
```

9. 有以下程序:

```
main( )
{ int n=0,m=1,x=2;
```

```
    if(!n)  x-=1;
    if(m)  x-=2;
    if(x)  x-=3;
    printf("%d\n",x);
  }
```

运行后输出结果是_____。

10. 以下程序运行后的输出结果是_____。

```
main()
{ int p=30;
  printf ("%d\n",(p/3>0 ? p/10 : p%3));
}
```

11. 以下程序运行后的输出结果是_____。

```
main()
{ int a=1, b=3, c=5;
  if (c=a+b) printf("yes\n");
  else printf("no\n");
}
```

12. 有以下程序:

```
main()
{ int p,a=5;
  if(p=a!=0)
  printf("%d\n",p);
  else
  printf("%d\n",p+2);
}
```

运行后输出结果是_____。

13. 有以下程序:

```
main()
{ int a=4,b=3,c=5,t=0;
  if(a++>b--)
  if(a>c--)b--;
  printf("%d %d %d\n",a,b,c);
}
```

运行后输出结果是_____。

14. 以下程序运行后的输出结果是_____。

```
main()
{ int x=10,y=20,t=0;
  if(x==y)t=x;x=y;y=t;
  printf("%d,%d \n",x,y);
}
```

15. 若从键盘输入 58, 则以下程序输出结果是_____。

```
main()
{ int a;
  scanf("%d",&a);
  if(a>50) printf("%d",a);
  if(a>40) printf("%d",a);
  if(a>30) printf("%d",a);
}
```

三、编程题

1．已知银行存款不同期限的月息利率为：

- 0.315%（1 年）
- 0.330%（2 年）
- 0.345%（3 年）
- 0.375%（5 年）
- 0.420%（8 年）

要求输入本金及期限，计算到期时从银行获得到多少钱？

2．编程实现：输入整数 a 和 b，若 a2+b2 大于 100，则输出 a2+b2 百位以上的数字，否则输出两数之和。

3．编写程序判断输入的正整数是否既是 5 又是 7 的整倍数。若是则输出 yes；否则输出 no。

4．企业发放的奖金根据利润提成。当利润小于或等于 10 万元时，奖金可提成 10%；当利润为 10 万元～20 万元（包含）时，小于 10 万元的部分可提成 10%，大于 10 万元的部分可提成 7.5%；当利润为 20 万元～40 万元（包含）时，大于 20 万元的部分可提成 5%；当利润为 40 万元～60 万元（包含）时，大于 40 万元的部分可提成 3%；当利润为 60 万元～100 万元（包含）时，大于 60 万元的部分可提成 1.5%，当利润大于 100 万元时，超过 100 万元的部分可提成 1%，从键盘输入当月利润，求应发放奖金的总数？

5．输入某年、某月、某日，判断这一天是这一年的第几天？

6．给出一个不多于 5 位的正整数，要求：求它是几位数，逆序打印出每位数字。

7．设整型变量 a、b、c、d 分别存放从键盘输入的 4 个整数，编写程序，按从小到大的顺序排列这 4 个整数，并且按顺序输出这 4 个整数。

第 5 章

循环结构

循环结构是程序中一种很重要的结构。其特点是，在给定条件成立时，反复执行某程序段，直到条件不成立为止。给定的条件称为循环条件，反复执行的程序段称为循环体。C 语言提供了多种循环语句，可以组成各种不同形式的循环结构。

5.1 while 语句

1. while 语句语法格式

```
while(表达式)
循环体语句;
```

2. while 语句执行过程

① 求解表达式。如果其值为非 0 值，则转到②；否则转到③ 。

② 执行循环体语句，然后转到① 。

③ 执行 while 语句后的下一条语句。

while 语句的执行过程如图 5-1 所示。

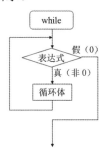

图 5-1　while 语句的执行过程

while 语句的特点是先判断表达式，后执行循环体语句。

【例 5-1】求 1+2+3+…+10 的和，代码如下：

```
#include <stdio.h>
main()
{   int i,sum=0;
    i=1;
    while(i<=10)
    {   sum=sum+i;
```

```
        printf("i=%d,sum=%d\n",i,sum);
        i++;
    }
}
```

运行结果为:

```
i=1,sum=1
i=2,sum=3
i=3,sum=6
i=4,sum=10
i=5,sum=15
i=6,sum=21
i=7,sum=28
i=8,sum=36
i=9,sum=45
i=10,sum=55
```

从运行结果我们可以看出程序的执行过程: 在 while 语句执行前 sum=0, i=1, 当执行 while 语句时, 首先判断 i<=10 是否为真, 由于 i=1, 小于 10, 因此开始执行循环体, sum 的值变成 1, 输出 i=1, sum=1。然后 i 的值增加 1, 变成 2, 执行完循环体后, 再次判断 while 循环条件 i<= 10, 此时 i 等于 2, 条件仍为真, 继续执行循环体, sum 在原来值的基础上加 2, 结果为 3, printf 语句输出 i = 2, sum = 3。循环体中 i 的值再增加 1, 然后继续对 while 条件进行判断, 以此类推, 循环共运行 10 次, 在第 10 次时 i++使 i 的值变成 11, 这时再次判断 while 循环条件 i<= 10, 值为假, 循环结束。

> 说明:
> (1) 循环变量。程序中的变量 i 被称为循环变量。循环变量要有确定的初值, 可以判断循环是否执行。如例 5-1 中 i 的初值为 1, 使得 i<=10 为真, 循环开始执行。如果将 i 的初值设置为 11, 使得 i<=10 为假, 则循环不会执行。
> (2) 循环条件。while 后面括号中的表达式被称为循环条件。表达式通常是关系表达式或逻辑表达式, 也可以是其他类型的表达式。如果表达式的值为真, 则循环条件成立, 开始执行循环体; 如果表达式的值为假, 则循环条件不成立, 循环结束。如果将例 5-1 中的循环条件 i<=10 改为 i>10, 则循环条件不成立, 一次循环也不会执行。
> (3) 循环体。循环中反复执行的程序段被称为循环体。循环体是一个循环基本功能的具体实现。如例 5-1 中的循环体用来累加求和。当循环体由多条语句组成时, 必须写在一对花括号内, 构成一个复合语句, 作为一个整体进行处理, 否则循环只执行第一条语句。

【例 5-2】求 10 的阶乘, 代码如下:

```
#include <stdio.h>
main()
{   int i,fact=1;
    i=1;
    while(i<=10)
    {   fact=fact*i;
        i++;
    }
    printf("%d 的阶乘为%d\n",i-1,fact);
}
```

运行结果为:

```
10 的阶乘为 3628800
```

（4）循环变量增值。循环体中要有使循环趋于结束的语句，如 i++，否则将进入死循环（即无休止的循环）。

（5）while (表达式)后面通常没有分号。如果写成"while(i<=100);"，则循环体语句为空语句，i 的值不变，程序进入死循环。

【例 5-3】 统计从键盘输入的一行字符的个数（以 Enter 键作为输入结束标记），代码如下：

```
#include <stdio.h>
void main()
{ char ch;
  int num=0;
  ch=getchar();
  while(ch!='\n')
  {
    num++;
    ch=getchar();
  }
 printf("num=%d\n",num);
}
```

运行结果为：

```
this is a test!
num=15
```

程序还可以简化为：

```
#include<stdio.h>
void main()
{ char ch;
  int num=0;
  while((ch=getchar())!='\n')
  {
    num++;
  }
 printf("num=%d\n",num);
}
```

5.2 do...while 语句

1. do...while 语句的语法格式

```
do
{循环体语句}
while（表达式）
```

2. do...while 语句的执行过程

① 执行循环体语句。

② 求解表达式。如果其值为非 0 值，则转到①，否则转到③。

③ 执行 do...while 语句后的下一条语句。

do...while 语句的执行过程如图 5-2 所示。

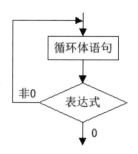

图 5-2 do...while 语句的执行过程

do...while 循环语句的特点是：先执行循环体语句组，再判断循环条件。

【例 5-4】求 1+2+3+…+10 的和，代码如下：

```
#include <stdio.h>
main()
{   int i,sum=0;
    i=1;
    do
    {  sum=sum+i;
      printf("i=%d,sum=%d\n",i,sum);
      i++;
    } while(i<=10);
}
```

运行结果为：

```
i=1,sum=1
i=2,sum=3
i=3,sum=6
i=4,sum=10
i=5,sum=15
i=6,sum=21
i=7,sum=28
i=8,sum=36
i=9,sum=45
i=10,sum=55
```

从上面程序的运行结果我们可以看到：对同一个问题既可以使用 while 语句处理，又可以使用 do...while 语句处理。

> 注意：
> （1）do 不能单独使用，必须与 while 一起使用。
> （2）do...while 循环由 do 开始，到 while 结束。需要注意的是，不可以丢失 while(表达式)后的 ";"，它表示 do...while 语句的结束。
> （3）无论表达式的值是零还是非零（是真还是假），循环体至少被执行一次。

【例 5-5】将一个整数的各位数字颠倒后输出。

解题思路：利用求余运算和整数相除结果为整数的特点求出每一位上的数字并输出。

代码如下：

```
#include <stdio.h>
main()
{
```

```
int i, r;
printf("请输入一个整数: \n");
scanf("%d",&i);
do
{
r = i % 10 ;
printf("%d",r);
} while ( (i/=10) != 0);
printf ("\n");
}
```

运行结果为:

```
请输入一个整数:
1234
4321
```

在一般情况下,当使用 while 语句和 do...while 语句处理同一个问题时,如果两者的循环体部分是一样的,则它们的结果也一样。但是,如果 while 后面的表达式一开始就为假(0),则两种循环的结果是不同的。

【例 5-6】while 语句和 do...while 语句的循环比较。

while 语句代码如下:

```
#include <stdio.h>
main()
{int sum=0,i;
 scanf("%d",&i);
 while(i<=10)
    {sum=sum+i;
     i++;
}
printf("sum=%d\n",sum);
}
```

运行结果如下:

```
1
sum=55
```

再运行一次的结果如下:

```
11
sum=0
```

do...while 语句代码如下:

```
#include <stdio.h>
main()
{int sum=0,i;
 scanf("%d",&i);
 do
    {sum=sum+i;
     i++;
}
while(i<=10);
printf("sum=%d\n",sum);
}
```

运行结果如下:

```
1
```

```
sum=55
```

再运行一次的结果如下：

```
11
sum=11
```

通过上面两个程序的运行结果我们可以看到，当 i<=10 时，两者得到的结果相同；当 i>10 时，两者得到的结果就不同了。这是因为此时对 while 语句来说，一次也不执行循环体(表达式 i<=10 为假)，而对 do...while 语句来说要执行一次循环体。我们可以得到结论：当 while 后面的表达式第一次的值为真时，两种循环得到的结果相同，否则两种循环得到的结果不相同（指两者具有相同的循环体的情况）。

5.3 for 语句

1. for 语句的语法格式

```
for(表达式 1;表达式 2;表达式 3)
循环体语句；
```

2. for 语句的执行过程

① 求解表达式 1。

② 求解表达式 2，如果其值为非 0 值，则执行③；否则，转到④。

③ 执行循环体语句，并求解表达式 3，再转到②。

④ 执行 for 语句的下一条语句。

for 语句的执行过程如图 5-3 所示。

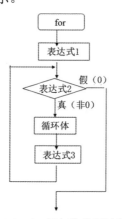

图 5-3　for 语句的执行过程

【例 5-7】求 1+2+3+…+10 的和，代码如下：

```c
#include <stdio.h>
main()
{   int i,sum=0;
    for(i=1;i<=10;i++)
    {  sum=sum+i;
       printf("i=%d,sum=%d\n",i,sum);
    }
}
```

运行结果为：

```
i=1,sum=1
i=2,sum=3
i=3,sum=6
i=4,sum=10
i=5,sum=15
i=6,sum=21
i=7,sum=28
i=8,sum=36
i=9,sum=45
i=10,sum=55
```

for 语句（例 5-7）的运行结果与 while 语句（例 5-1）的运行结果完全相同。

实际上 for 语句等价于如下形式的 while 语句：

```
表达式 1 ;
while (表达式 2)
 {
    循环体语句；
    表达式 3 ;
}
```

比较一下例 5-1 和例 5-7，用户就可以体会到两者之间的关系了。

例 5-7 体现了 for 语句最普遍使用，也是最容易理解的形式：

```
for (循环变量赋初值;循环条件;循环变量增值)
循环体语句;
```

"循环变量赋初值"是一个赋值语句，它用来给循环变量赋初值；"循环条件"是一个逻辑表达式，它决定什么时候退出循环；"循环变量增值"定义循环变量每循环一次后按什么方式变化。这三部分之间使用";"分隔。

for 循环中的"表达式 1(循环变量赋初值)"、"表达式 2(循环条件)"和"表达式 3(循环变量增值)"都是选择项，可以省略，但";"不能省略。

（1）省略了"表达式 1(循环变量赋初值)"，表示不对循环变量赋初值。例如：

```
sum=0; i=1;    //在循环开始之前赋初值
for(;i<=10;i++)
```

（2）省略了"表达式 2(循环条件)"，表示循环条件永远为真，在不进行其他处理时成为死循环。例如：

```
for ( i=1; ;i++ ) //循环条件永远为真，需在循环体中做其他处理，避免死循环
```

（3）省略了"表达式 3(循环变量增值)"，表示不对循环变量进行操作，这时可以在循环体中加入修改循环变量的语句。例如：

```
for(i=1;i<=10;)
{sum=sum+i;
 i++;}
```

（4）省略了"表达式 1(循环变量赋初值)"和"表达式 3(循环变量增值)"。例如：

```
i=1;
for(;i<=10;)
{sum=sum+i;
 i++;}
```

等价于：

```
i=1;
```

```
while(i<=10)
{sum=sum+i;
 i++;}
```

（5）3 个表达式都可以省略。例如：

```
for(;;)语句
```

等价于：

```
while(1)语句
```

在 for 语句中，"表达式 1"可以是设置循环变量初值的赋值表达式，也可以是其他表达式。例如：

```
for(sum=0;i<=10;i++)sum=sum+i;
```

在 for 语句中，"表达式 1"和"表达式 3"可以是一个简单表达式，也可以是逗号表达式。例如：

```
for(sum=0,i=1;i<=100;i++)sum=sum+i;
```

等价于：

```
for(i=0,j=100;i<=100;i++,j--)k=i+j;
```

在 for 语句中，"表达式 2"一般是关系表达式或逻辑表达式，但也可以是数值表达式或字符表达式，只要其值为非零，就执行循环体。例如：

```
for(i=0;(c=getchar())!='\n';i+=c);
```

又如：

```
for(;(c=getchar())!='\n';)
    printf("%c",c);
```

【例 5-8】一个弹力球从 100 米高度自由落下，每次落地后反跳回原高度的一半；再落下，求它在第 10 次落地时，共经过多少米？第 10 次反弹多高？

解题思路：第 n 次反弹的高度是第 n-1 次的一半，已知第 1 次落地的高度，可以使用循环依次求出每一次的反弹高度。

代码如下：

```
#include <stdio.h>
main()
{
float sn=100.0,hn=sn/2;
int n;
for(n=2;n<=10;n++)
{
sn=sn+2*hn;        //第 n 次落地时共经过的米数
hn=hn/2;           //第 n 次反弹高度
}
printf("第 10 次落地时，共经过%f 米\n",sn);
printf("第 10 次反弹%f 米\n",hn);
}
```

运行结果为：

```
第 10 次落地时，共经过 299.609375 米
第 10 次反弹 0.097656 米
```

while 语句、do...while 语句、for 语句 3 种循环语句的比较说明如下

（1）3 种循环语句可以处理同一个问题，在一般情况下它们可以互相替代。

（2）循环变量的初始化的位置不同，循环变量初始化的操作应该在 while 语句和 do...while 语句之前完成；而对于 for 语句来说，可以在"表达式 1"中实现。

（3）while 语句和 do...while 语句都是在 while 后面指定循环条件，在循环体中应该有使循环趋于结束的语句（如 i++;）。而 for 语句是在"表达式 2"中指定循环条件，在"表达式 3"中含有使循环趋于结束的操作，也可以将它放到循环体中。

（4）for 语句的功能非常强大，基本上使用 while 语句和 do...while 语句实现的循环，都可以使用 for 语句实现。

5.4　循环嵌套

一个循环内又包含另一个完整的循环结构称为循环嵌套。内嵌的循环中还可以再嵌套循环，这就是多层循环。在各种编程语言中关于循环嵌套的概念是一样的。

【例 5-9】输出 9×9 乘法口诀。

解题思路：输出结果共 9 行 9 列，每一列上的数字是行乘以列得到的。

代码如下：

```
#include <stdio.h>
main()
{
int i,j,result;
printf("\n");
for (i=1;i<10;i++)          //外层循环
{ for(j=1;j<10;j++)         //内层循环
{
result=i*j;
printf("%d*%d=%-4d",i,j,result);
}
printf("\n");               //每一行后换行
}
}
```

运行结果为：

```
1*1=1    1*2=2    1*3=3    1*4=4    1*5=5    1*6=6    1*7=7    1*8=8    1*9=9
2*1=2    2*2=4    2*3=6    2*4=8    2*5=10   2*6=12   2*7=14   2*8=16   2*9=18
3*1=3    3*2=6    3*3=9    3*4=12   3*5=15   3*6=18   3*7=21   3*8=24   3*9=27
4*1=4    4*2=8    4*3=12   4*4=16   4*5=20   4*6=24   4*7=28   4*8=32   4*9=36
5*1=5    5*2=10   5*3=15   5*4=20   5*5=25   5*6=30   5*7=35   5*8=40   5*9=45
6*1=6    6*2=12   6*3=18   6*4=24   6*5=30   6*6=36   6*7=42   6*8=48   6*9=54
7*1=7    7*2=14   7*3=21   7*4=28   7*5=35   7*6=42   7*7=49   7*8=56   7*9=63
8*1=8    8*2=16   8*3=24   8*4=32   8*5=40   8*6=48   8*7=56   8*8=64   8*9=72
9*1=9    9*2=18   9*3=27   9*4=36   9*5=45   9*6=54   9*7=63   9*8=72   9*9=81
```

while 语句、do...while 语句和 for 语句 3 种循环语句可以互相嵌套，本实例中的循环也可以改用其他循环方式来实现。

【例 5-10】百钱买百鸡：100 个铜钱买了 100 只鸡，其中 1 只公鸡 5 钱、1 只母鸡 3 钱，3 只雏鸡 1 钱，问 100 只鸡中公鸡、母鸡、雏鸡各多少只？

解题思路：采用穷举方式，对于所有可能的取值依次进行测试。

代码如下：

```
#include <stdio.h>
main()
{ int a,b,c;                    //a、b、c 分别为公鸡、母鸡、雏鸡的数量（均得到大致范围）
printf("  本程序用来解决百钱买百鸡的问题。  \n");
for(a=0;a<=20;a++)
  for(b=0;b<=33;b++)
    for(c=48;c<=100;c+=3)
      if(a+b+c==100&&5*a+3*b+c/3==100)   //  判断条件
        printf("公鸡%d只，母鸡%d只，雏鸡%d只，为百钱买百鸡的答案。\n",a,b,c);
  }
```

运行结果为：

```
本程序用来解决百钱买百鸡的问题。
公鸡 0 只，母鸡 25 只，雏鸡 75 只，为百钱买百鸡的答案。
公鸡 4 只，母鸡 18 只，雏鸡 78 只，为百钱买百鸡的答案。
公鸡 8 只，母鸡 11 只，雏鸡 81 只，为百钱买百鸡的答案。
公鸡 12 只，母鸡 4 只，雏鸡 84 只，为百钱买百鸡的答案。
```

说明：

（1）while 语句、do...while 语句、for 语句 3 种循环语句可互相嵌套，层数不限。

（2）外层循环可以包含两个以上内循环，但不能相互交叉。

（3）嵌套循环的执行流程为外循环一次，内循环一个周期。

5.5　辅助控制语句

5.5.1　break 语句

break 语句通常用在循环语句和 switch 语句中。当 break 语句用于 switch 语句中时，可使程序跳出 switch 语句而执行 switch 后面的语句。break 语句在 switch 语句中的用法已经在前文实例中介绍过，这里不再举例。

当 break 语句用于 do...while、for、while 循环语句中时，可使程序终止循环而执行循环体后面的语句。通常 break 语句总是与 if 语句搭配使用，即当满足条件时跳出循环，其执行过程如图 5-4 所示。

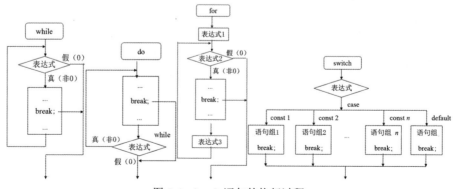

图 5-4　break 语句的执行过程

【例 5-11】输出半径为 1 到 10 的圆的面积，当面积大于 100 时停止输出。

解题思路：利用循环依次求解半径为 1 到 10 的圆的面积并判断其值是否大于 100。如果圆的面积小于或等于 100，则输出圆的半径和面积，否则使用 break 语句中断循环。

代码如下：

```
#include<stdio.h>
main()
{
    int r;
    float area;
    for(r=1;r<=10;r++)
    {  area=3.14159*r*r;
      if(area>100)
          break;
      printf("r=%d,area=%.2f\n",r,area);
    }
}
```

运行结果为：

```
r=1,area=3.14
r=2,area=12.57
r=3,area=28.27
r=4,area=50.27
r=5,area=78.54
```

从上面程序的运行结果我们可以看出，当半径为 6 时，圆的面积大于 100，执行 break 语句，循环结束。所以只输出半径为 1 到 5 的圆的半径和面积。

【例 5-12】将从键盘输入的小写字母转换成大写字母，直至输入非小写字母，代码如下：

```
#include <stdio.h>
main()
{
    int i,j;
    char  c;
    while(1)
    {  c=getchar();
       if(c>='a' && c<='z')
        putchar(c-'a'+'A');
       else
        break;
    }
    printf("\n");
}
```

运行结果为：

```
setMouse
SET
```

5.5.2　continue 语句

continue 语句的作用是跳过循环体中剩余的语句而强行执行下一次循环，即中断本次循环。continue 语句只用在 for、while、do...while 的循环体中，常与 if 语句一起使用，用来加速循环，其执行过程如图 5-5 所示。

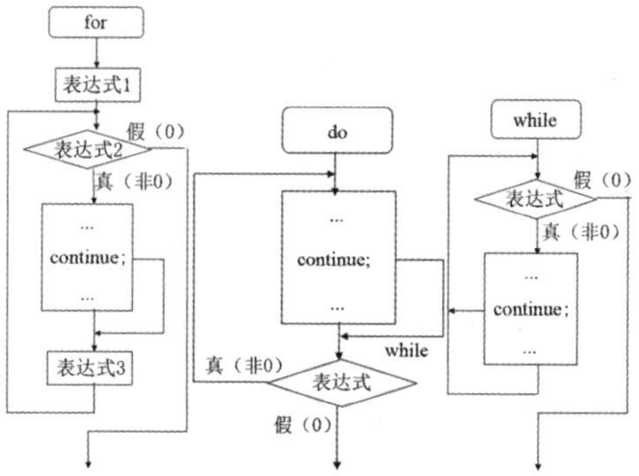

图 5-5　continue 语句的执行过程

【例 5-13】求输入的 10 个整数中正数的个数及其平均值。

解题思路：利用循环依次输入 10 个整数，判断是否为正数，如果是正数则计数并求和，最后输出平均值。

代码如下：

```
#include <stdio.h>
main()
{   int i,num=0,a;
    float sum=0;
    for(i=0;i<10;i++)
    {  scanf("%d",&a);
      if(a<=0)  continue;
      num++;
      sum+=a;
    }
    printf("%d 个正数的和是:%6.0f\n",num,sum);
    printf("正数的平均值是:%6.2f\n",sum/num);
}
```

运行结果为：

```
1 3 5 -2 4 -5 0 6 -2 8
6 个正数的和是: 27
正数的平均值是:  4.50
```

break 语句和 continue 语句的区别：continue 语句只是结束本次循环，接着判断循环条件是否成立，以决定是否执行下一次的循环，而不是终止整个循环的执行。而 break 语句是结束整个循环过程（它是强制终止整个循环），不再对循环条件进行判断。

【例 5-14】求 300 以内能被 17 整除的所有整数，代码如下：

```
#include <stdio.h>
main()
{int x,k;
 for(x=1;x<=300;x++)
{if(x%17!=0) continue;
 printf("%d\t",x);
}
 printf("\n");
}
```

运行结果为：

```
7       34      51      68      85      102     119     136     153     170
```

87	204	221	238	255	272	289

【例 5-15】求 300 以内能被 17 整除的最大的数。

解题思路：可以从 300 开始判断，第一个能被 17 整除的数就是我们需要的。

代码如下：

```
#include <stdio.h>
main()
{int x,k;
 for(x=300;x>=1;x--)
 if(x%17==0) break;
 printf("x=%d\n",x);
 }
```

运行结果为：

```
x=289
```

5.6　goto 语句

goto 语句为无条件转向语句，其语法格式如下：

```
goto 语句标号;
```

语句功能：使控制流程转向标号所在的语句行执行。

> **说明：**
>
> （1）语句标号要符合标识符的定义规则，放在某一语句行的前面，语句标号后面要添加冒号（:）。语句标号具有标识语句的作用，与 goto 语句配合使用。例如：
>
> ```
>     label: a++;
>     loop: while(x<5);
> ```
>
> （2）C 语言不限制语句标号的使用次数，但各语句标号不能重名。
> （3）goto 语句通常与 if 语句配合使用，构成循环。使用 goto 语句构成循环的语法格式如下：
>
> ```
>     语句标号:　语句或语句组
>     if ( 条件 ) goto 语句标号;
> ```
>
> （4）在结构化程序设计中一般不建议使用 goto 语句，以免造成程序流程的混乱，使得用户理解和调试程序都会产生困难。

5.7　程序举例

【例 5-16】使用 $\frac{\pi}{4} \approx 1 - \frac{1}{3} + \frac{1}{5} - \frac{1}{7} + \cdots$ 公式求π的近似值，直到发现某一项的绝对值小于 10^{-6} 为止（该项不累计相加）。

解题思路：这是一个分数求和的问题，分子、分母分别使用不同变量表示，分子除以分母得到分数项，再利用各自的变化规律求出下一项，以此类推，直到循环条件不成立。

代码如下：

```
#include <stdio.h>
#include <math.h>
int main()
{  int fz=1;
```

```
    double pi=0,fm=1,fsx=1;
    while(fabs(fsx)>=1e-6)
    { pi=pi+fsx;
      fm=fm+2;
      fz=-fz;
      fsx=fz/fm;
     }
    pi=pi*4;
    printf("pi=%10.8f\n",pi);
    return 0;
}
```

运行结果为:

```
pi=3.14159065
```

【例 5-17】求斐波那契（Fibonacci）数列的前 40 个数。这个数列的特点是，第 1、第 2 两个数分别为 1、1，从第 3 个数开始，该数是前面两个数之和，即:

$$\begin{cases} F_1 = 1 & (n=1) \\ F_2 = 1 & (n=2) \\ F_n = F_{n-1} + F_{n-2} & (n \geqslant 3) \end{cases}$$

代码如下:

```
#include <stdio.h>
main()
 { int f1=1,f2=1;  int i;
    for(i=1; i<=20; i++)
    { printf("%12d %12d ",f1,f2);          //每组输出 2 个数
      if(i%2==0) printf("\n");             //每行输出 4 个数
      f1=f1+f2;
      f2=f2+f1;
     }
 }
```

运行结果为:

1	1	2	3
5	8	13	21
34	55	89	144
233	377	610	987
1597	2584	4181	6765
10946	17711	28657	46368
75025	121393	196418	317811
514229	832040	1346269	2178309
3524578	5702887	9227465	14930352
24157817	39088169	63245986	102334155

【例 5-18】判断 x 是否为素数。素数是指在大于 1 的自然数中，除 1 和它本身外，不能被其他自然数整除（除 0 以外）的数。

解题思路:根据素数的定义，用 2～x-1 判断是否能够整除，如果能整除则判定不是素数，否则判定是素数。

代码如下:

```
#include<stdio.h>
#include<math.h>
main()
```

```
{
int x,i,k;
scanf("%d",&x);
for(i=2;i<x;i++)
if(x%i==0)break;
if(i>=x)
printf("%d 是素数\n",x);
else
printf("%d 不是素数\n",x);
}
```

运行结果为：

```
23
23 是素数
```

【例 5-19】猜数游戏。任意设置一个整数，请用户从键盘上输入数据猜测设置的数是什么，告诉用户是猜大了还是猜小了。如果 10 次以内猜对答案，则用户获胜。否则，告诉用户设置的数据是什么，代码如下：

```
#include <stdio.h>
main()
{int num=123,x,n;
 printf("请输入一个 0～1000 之间的整数\n");  //给出数据范围的提示信息
 for(n=1;n<=10;n++)
 {printf("你的答案是:");
  scanf("%d",&x);
  if(x==num) {printf("恭喜你，猜对了!\n");break;}
  if(x>num)   printf("猜大了!\n");
  if(x<num)   printf("猜小了!\n");
 }
 if(n==11) printf("你输了!正确答案是 %d\n",x);
}
```

运行结果为：

```
请输入一个 0～1000 之间的整数
你的答案是:100
猜小了!
你的答案是:120
猜小了!
你的答案是:130
猜大了!
你的答案是:123
恭喜你，猜对了!
```

【例 5-20】将一个正整数分解质因数。例如，输入 90，输出 90=2*3*3*5。

解题思路：对 n 进行分解质因数，先找到一个最小的质数 i，再按下述步骤完成操作。

（1）如果这个质数等于 n（当质数小于 n 时，继续执行循环），则说明分解质因数的过程已经结束，输出即可。

（2）如果 n 能被 i 整除，则应输出 i 的值，并用 n 除以 i 的商，作为新的正整数 n，重复执行第二步。

（3）如果 n 不能被 i 整除，则用 i+1 作为 n 的值，重复执行第一步。

代码如下:

```
#include<stdio.h>
main()
{
int n,i;
printf("\n请输入一个正整数:\n");
scanf("%d",&n);
printf("%d=",n);
for(i=2;i<=n;i++)
{
while(n!=i)
{
if(n%i==0)
{ printf("%d*",i);
n=n/i;
}
else
break;
}
}
printf("%d\n",n);
}
```

运行结果为:

```
请输入一个正整数:
24
24=2*2*2*3
```

5.8 常见错误

1. 误把 "=" 作为等号使用, 这与条件语句中的情况一样

例如:

```
while (x = 1) { }
```

这是一个恒真条件的循环, 正确的写法应该是:

```
while (x == 1) { }
```

2. 忘记使用花括号括起循环体中的多条语句, 这与条件语句类似

例如:

```
while (i <= 10)
printf("%d", i);
i ++ ;
```

由于没有使用花括号, 循环体就只剩下 printf("%d",i) 一条语句, 正确的写法应该是:

```
while (i <= 10)
{ printf("%d",i);
  i ++ ;
}
```

3. 在不该添加分号的地方添加了分号

例如:

```
for (i = 1; i <= 10 ;i + + );
sum = sum + i ;
```

由于 for 后面添加了一个分号，表示循环体只有一个空语句，而"sum = sum + i ;"与循环无关。正确的写法应该是：

```
for (i - 1 ;i <- 10;  i + + ) sum = sum + i ;
```

4．花括号不匹配

由于各种控制结构的嵌套，有些左右花括号相距可能较远，这就可能会忘记输入右侧的花括号而造成花括号不匹配，这种情况在编译时可能会产生许多莫名其妙的错误，而且错误提示与实际错误无关。解决的方法是在括号后面添加表示层次的注释。例如：

```
while(){     //(1)
while () {   //(2)
if () {      //(3)
for () {     //(4)
}            //(4)
}            //(3)
for () {     //(3)
}            //(3)
}            //(2)
}            //(1)
```

当每次遇到嵌套左侧花括号时就把层次加 1，当每次遇到右侧花括号时就把层次减 1，当花括号不匹配时最后的右侧花括号的层次号不是 1，就可以确定有花括号丢失。

5．死循环

一种情况是，由于某种原因使得循环无休止地运行，或者直到出错才结束循环。例如：

```
short  i = 1 ;
while (i <= 10) sum = sum + i ;
```

由于 i 的值没有改变，所以 i<= 10 永远为真，循环将一直延续下去。

另一种情况是，虽然有改变循环条件的运算，但改变的方向不对。例如：

```
short  i = 1 ;
while (i >= 0) { sum = sum + i ;
i ++ ;}
```

i 的初值为 1，本就大于 0，而以后每次都增加 i 的值，使得条件 i> = 0 总成立，直到 i 的值为 32767 后再加 1，超越正数的表示范围而得到负值时才结束，这时的结果与希望的结果不同。

再有一种情况是跳过循环条件造成的，例如：

```
for (i = 1;i == 10;i += 2) { }
```

由于 i 的值每次增加 2，所以取值为 1、3、5、7、9、11…，把 10 跳过去了，正确的写法应该是：

```
for (i = 1; i <= 10; i += 2) { }
```

当 i 的值超过 10 时循环就结束了。

课后习题

一、选择题

1．设有以下程序：

```
int k=10;
```

```
while(k=0)k=k-1;
```

下面描述正确的是_____。

    A．while 循环执行 10 次   B．循环是无限循环

    C．一次也不执行循环体语句   D．执行一次循环体语句

2．"while(!E);" 语句中的表达式!E 等价于_____。

    A．E==0   B．E!=1   C．E!=0   D．E==1

3．下面程序的运行结果是_____。

```
int n=0;
while(n++<=2);printf("%d",n);
```

    A．2   B．3   C．4   D．有语法错

4．下面程序的运行结果是_____。

```
main()
{   int num=0;
    while(num<=2)
{   num++;
printf("%d\n",num);
}
}
```

    A．1   B．1   C．1   D．1

       2   2   2

       3   3

       4

5．关于下面程序描述正确的是_____。

```
x=-1;
do{
  x=x*x;
  }
while(!x);
```

    A．是死循环   B．执行两次循环

    C．执行一次循环   D．有语法错误

6．关于下面程序描述正确的是_____。

```
int x=3;
do{printf("%d\n",x-=2);}while(!(--x));
```

    A．输出 1   B．输出 1 和-2

    C．输出 3 和 0   D．它是死循环

7．下面程序的运行结果是_____。

```
main()
{int y=10;
 do{y--;}while(--y);
 printf("%d\n",y--);
 }
```

    A．-1   B．1   C．8   D．0

8．如果 i 为整型变量，则以下循环的执行次数是_____。

```
for(i=2;i==0;)printf("%d",i--);
```

    A．无限次   B．0 次   C．1 次   D．2 次

9. 执行"for(i=1;i++<4;);"语句后变量 i 的值是_____。

　　A. 3　　　　　　　B. 4　　　　　　　C. 5　　　　　　　D. 不定

10. 下面正确的描述是_____。

　　A. continue 语句的作用是结束整个循环的执行

　　B. 只能在循环体内和 switch 语句体内使用 break 语句

　　C. 在循环体内使用 break 语句或 continue 语句的作用相同

　　D. 当从多层循环嵌套中退出时，只能使用 goto 语句

11. 下面程序的运行结果是_____。

```
m=37;n=13;
while(m!=n)
{  while(m>n)
     m=m-n;
   while(n>m)
     n-=m;
}
printf("m=%d\n",m);
```

　　A. m=13　　　　　B. m=11　　　　　C. m=1　　　　　D. m=2

12. 下面程序的运行结果是_____。

```
for(i=0;i<5;i++)
{
  for(j=1;j<10;j++)
    if(j==5)
       break;
  if(i<2)
     continue;
  if(i>2)
     break;
  printf("%d,",j);
}
printf("%d\n",i);
```

　　A. 10,3　　　　　B. 5,2　　　　　　C. 5,3　　　　　　D. 10,2

13. 下面程序的运行结果是_____。

```
#include <stdio.h>
void main()
{
  int n;
  n=0;
  while(n<8)
  {
    switch(n%3)
    {
    case 2:
      putchar('2');
    case 1:
      putchar('i');
      break;
    case 0:
      putchar('H');
    }
    n++;
```

```
        }
    }
```

    A. Hi2Hi2Hi   B. Hi2   C. Hi2iHi2i   D. Hi2iHi2iHi

14. 下面程序的运行结果是_____。

```c
#include <stdio.h>
main()
{
    int i,j,x=0;
    for(i=0;i<2;i++)
    {
        x++;
        for(j=0;j<=3;j++)
        {
            if(j%2)
                continue;
            x++;
        }
    }
    printf("x=%d\n",x);
}
```

    A. x=4   B. x=8   C. x=6   D. x=12

15. 下面程序运行后，_____。

```c
#include <stdio.h>
void main()
{
    int i,s;
    i=0;s=0;
    while(i<10);
    {   s+=(i++);
        printf("%d\n",s);
    }
    printf("i=%d\n",i);
}
```

    A. i 的值为 9，s 的值为 45   B. i 的值为 10，s 的值为 45

    C. i 的值为 10，s 的值为 36   D. 程序陷入了死循环

16. 下面程序的功能是从键盘输入的一对数，由小到大排序输出。当输入一对相等数时结束循环，请选择填空。

```c
#include <Stdio.h>
main()
{int a,b,t;
 scanf("%d%d",&a,&b);
 while(  _____  )
 {if(a>b)
 {t=a;a=b;b=t;}
 printf("%d,%d",a,b);
 scanf("%d%d",&a,&b);
 }
}
```

    A. !a=b   B. a!=b   C. a= =b   D. a=b

17. 下面程序的功能是从键盘输入的一组字符中统计出大写字母的个数 m 和小写字母的个数 n，并输出 m、n 中的最大值，请选择填空。

```
#include "stdio.h"
main()
{int m=0,n=0;
char c; 1
while((_____)!='\n')
{ if(c>='A' && C<='Z') m++ ;
  if(c>='a' && c<='z') n++;
}
printf("%d\n", m<n? n:m);
}
```

　A．c=getchar()　　　B．getchar()　　　C．c=getchar()　　　D．scanf("%c",c)

18. 下面程序的功能是将小写字母变成对应大写字母后的第二个字母。其中 y 变成 A，z 变成 B，请选择填空。

```
#include "stdio. H"
main()
{ char c;
  while((c=getchar())!='\n')
  {if(c>= 'a'&& c<='z')
  c - = 30;
  if(c>'z' && c<='z'+ 2)
  _____;
  }
printf(" %c",c)
}
```

　A．c='B'　　　　B．c='A'　　　　C．c-=26　　　　D．c=c+26

19. 下面程序的功能是在输入的一组正整数中求出最大值，输入 0 结束循环，请选择填空。

```
#include <stdio.h>
main()
{int a,max= 0;
scanf("%d",&a)
while(_____)
{if(max<a) max= a;
scanf("%d",&a);
}
printf("%d" ,max );
}
```

　A．a==o　　　　B．a　　　　C．!a == 1　　　　D．!a

20. 运行下面的程序，从键盘输入 ADescriptor<CR>（<CR>为 Enter 键），下面程序的运行结果是_____。

```
#include<stdio. h>
main()
{ char c;
int v0=0.v1=0,v2=0;
do{
switch(c=getchar())
{ case 'a':case 'A' :
case 'e':case ' E' :
```

```
case 'i':case 'I' :
case 'o':case 'O' :
case 'u':case 'U' :v1+=1;
default:v0+=1;v2+=1 ;} ;
}while(c!='\n');
printf("v0=%d,v1=%d,v2=%d\n",v0,v1,v2);
}
```

  A．v0=7,v1=4,v2=7   B．v0=8,v 1=4,v2=8

  C．v0= 11,v1=4,v2=11   D．v0=12,vl=4,v2=12

21．以下 for 循环的执行次数是_____。

```
for (x=0,y=0; (y=123)&&(x<4); x++);
```

  A．无限循环   B．循环次数不确定 C．4 次   D．3 次

22．下面程序的运行结果是_____。

```
for (y= 1;y<10;) y=((x=3* y,x+1),x-1);
printf ("x=%d,y=%d",x,y);
```

  A．x=27,y=27   B．x=12,y=13   C．x=15,y=14   D．x=y=27

23．下面程序的功能是计算 1～50 之间是 7 的倍数的数值之和，请选择填空。

```
#include<stdio. h> ·
main()
{int i,sum= 0;
for(i=1;i<=50;i++)
if(_____) sum+=i;
printf("%d",sum);
}
```

  A．(int)(i/7)==i/7 B．(int)i/7==i/7   C．i%7= 0   D．i%7==0

24．下面程序的运行结果是_____。

```
#include <stdio.h>
main()
{int i,b,k=0;
for(i=1;i<=5;i++)
{b=i%2;
while(b-->=0) k++;
}
printf("%d,%d",k,b);
}
```

  A．3,-1   B．)8,-1   C．3,0   D．8,-2

25．设已正确定义变量，下面能正确计算 f = n!的程序是_____。

  A．f=0;

  B．f=1; for(i=1;i<=n;i++) f*=i;   for(i=1;i<n;i++) f*=i;

  C．f=1;

  D．f=1; for(i=n;i>1;i++) f*=i;   for(i=n;i>=2;i--) f*=i;

26．关于下面程序描述正确的是_____。

```
for (t=1; t<=100;t++)
{scanf("%d",&x);
if(x<0) continue;
printf("%3d",t);}
```

  A．当 x<0 时结束整个循环   B．当 x>=0 时什么也不输出

C．永远也不会执行 printf()函数   D．最多允许输出 100 个非负整数

27．下列选项中与下面程序等价的是_____。

```
for(n=100;n<= 200; n++)
{ if (n%3==0) continue;
  printf("%4d",n);
}
```

A．for(n=100;(n%3)&& n<=200;n++) printf("%4d",n);

B．for(n=100;(n%3)|| n<=200;n++) printf("%4d",n);

C．for(n=100;n<=200;n++)if(n%3!=0)printf("%4d",n)

D．for(n=100;n<=200; n++)

        { if(n%3) printf("%4d",n);

        else continue;

        break;

        }

28．下面程序的运行结果是_____。

```
#include "stdio.h"
main()
{ int i;
for(i=1;i<=5;i++)
{ if (i%2) printf("*");
else continue;
printf("#");
}
printf("#");
}
```

A．*#*#*$ B．*#*#*##   C．*#*#$ D．#*#*$

29．下面程序的运行结果是_____。

```
main()
{ int i,j,a=0;
for (i=0;i<2;i++)
{ for (j=0;j<=4;j++)
{ if (j%2) break;
a++;}
a++;}
printf("%d\n",a);
}
```

A．4   B．5   C．6   D．7

30．设有以下程序：

```
int n,t=1,s=0;
scanf("%d",&n);
do{ s=s+t; t=t-2; }while (t!=n);
```

为了使此程序不陷入死循环，从键盘输入的数据应该是_____。

A．任意正奇数   B．任意负偶数

C．任意正偶数   D．任意负奇数

二、填空题

1. 下面程序的功能是从键盘输入的字符中统计数字字符的个数，使用换行符结束循环，请填空。

```
    int n=0,c;
    c=getchar();
    while(_____)
     {
     if(_____)n++;
      c=getchar();
     }
```

2. 下面程序的功能是用"辗转相除法"求两个正整数的最大公约数，请填空。

```
    #include <stdio.h>
    main()
    {int r,m,n;
     scanf("%d%d",&m,&n);
     if(m<n)_____;
     r=m%n;
     while(r){m=n;n=r;r=_____;}
     printf("%d\n",n);
    }
```

3. 下面程序的功能是计算 s=1+12+123+1234+12345，请填空。

```
 main()
{ int t=0,s=0,i;
for( i=1; i<=5; i++)
{ t=i+ _____ ; s=s+t; }
printf("s=%d\n",s);
}
```

4. 下面程序的功能是输出如下形式的方阵，请填空

```
    13 14 15 16
    9 10 11 12
    5 6 7 8
    1 2 3 4
```

```
 main()
{ int i,j,x;
for(j=4; j_____; j--)
{ for(i=1; i<=4; i++)
{ x=(j-1)*4 +_____;
printf("%4d",x);
}
printf("\n");
}
}
```

5. 设有以下程序：

```
    main()
       { int n1,n2;
       scanf("%d",&n2);
       while(n2!=0)
       { n1=n2%10;
       n2=n2/10;
       printf("%d",n1);
```

```
    }
  }
```

程序运行后，如果从键盘上输入 1298，则输出结果为_____。

6. 下面程序的功能是，计算 1 到 10 之间奇数之和及偶数之和，请填空。

```
main()
  { int a, b, c, i;
    a=c=0;
    for(i=0;i<10;i+=2)
    { a+=i;
    ____;
      c+=b;
    }
    printf("偶数之和=%d\n",a);
    printf("奇数之和=%d\n",c-11);
    }
```

7. 下面程序的功能是，输出 100 以内能被 3 整除且个位数是 6 的所有整数，请填空。

```
main()
  { int i, j;
    for(i=0; ____ ; i++)
    { j=i*10+6;
    if( ____ ) continue;
    printf("%d",j);
    }
    }
```

8. 设 i、j、k 均为 int 型变量，执行完下面的 for 语句后，k 的值为____ 。

```
for(i=0,j=10;i<=j;i++,j--)
k=i+j;
```

9. 下面程序的功能是，从键盘输入若干个学生的成绩，统计并输出最高成绩和最低成绩，当输入负数时结束输入，请填空。

```
main()
  { float x,amax,amin;
  scanf("%f",&x);
  amax=x; amin=x;
  while(____)
  { if(x>amax) amax=x;
  if(____) amin=x;
  scanf("%f",&x); }
```

10. 将程序补充完整。下面程序的功能是从输入的数据中统计正整数和负整数的个数，用输入 0 来结束输入，变量 i 存放正整数的个数，变量 j 存放负整数的个数。

```
void main()
{ _____ i,j,n;
i=j=0;
scanf("%d",&n);
while( _____ )
  {if(n>0) ( _____ )
   if(n<0) ( _____ )
}
 printf("i=%4d j=%4d\n",i,j);
 }
```

11. 设有以下程序：

```
s=1.0;
for(k=1;k<=n;k++)
s=s+1.0/(k*(k+1));
printf("%f\n",s);
```

补充下面程序使之与上面程序的功能相同。

```
s=0.0;
_____;

k=0;
do
{ s=s+d;
_____;
d=1.0/(k*(k+1));
}while(_____);
printf("%f\n",s);
```

12. 下面程序的功能是统计若干个学生成绩的最高分与最低分，当输入负数时结束输入，请填空。

```
main( )
{float x,max,min;
    scanf("%f",&x);
max=x;min=x;
while(_____)
        {if(x>max)max=x;
         if(_____)min=x;
            scanf("%f",&x);
}
printf("max=%f,min=%f\n",max,min);
}
```

13. 求 20 以内 3 的倍数的和 sum1 及其余数的和 sum2，请填空。

```
mian()
{  int sum1=0, sum2=0,i;
   for (i=1;_____ ;i++)
    if (_____)
      sum1+=i;
    else
      sum2+=i;
    printf("%d,%d\n", sum1, sum2);
}
```

14. 斐波那契数列中的前两个数是 0 和 1，从第 3 个数开始，每个数等于前两个数的和，即：0、1、1、2、3、5、8、13、21、…。下面程序就是求斐波那契数列的前 30 个数，请填空。

```
#include <stdio.h>
void main()
{
    int f,f1,f2,i;
    f1=0;f2=___ ;
    printf("%d\n%d\n",f1,f2);
    for(i=3;i<=30;___)
    {
        f=___ ;
```

```
        printf("%d\n",f);
        f1=f2;
        f2=___;
    }
}
```

15. 下面程序的功能是统计公元 1 年到公元 2000 年的闰年个数。判断闰年的方法是，能被 400 整除的年是闰年，能被 4 整除，且不能被 100 整除的年是闰年。其余年份是平年，请填空。

```
#include <stdio.h>
void main()
{
  int year;
  int count=0;
  for(year=0;year<=2000;year++)
    if( (_____)||( year%4==0 && _____) )
      ____;
  printf("%d",count);
}
```

16. 下面程序的运行结果是_____。

```
main()
{ int x=2;
while(x--);
printf("%d\n", x);}
```

17. 下面程序的运行结果是_____。

```
main()
  { int i,m=0, n=0, k=0;
  for (i=9; i<=11; i++)
  switch(i/10)
  { case 0 : m++; n++; break;
  case 10: n++;break;
  default: k++;n++;
    }
  printf("%d %d %d\n",m,n,k);
    }
```

18. 下面程序的运行结果是_____。

```
#include <stdio.h>
main()
{int a,s,n,count;
 a=2;s=0;n=1;count=1;
 while(count<=7){n=n*a;s=s+n;++count;}
 printf("s=%d",s);
}
```

19. 下面程序的运行结果是_____。

```
i=1;a=0;s=1;
do{a=a+s*i;s=-s;i++;}while(i<=10);
printf("a=%d",a);
```

20. 下面程序的运行结果是_____。

```
i=1;s=3;
do{s+=i++;
    if(s%7==0)continue;
    else ++i;
```

```
    }while(s<15);
    printf("%d",i);
```

三、编程题

1. 自然常数 e 的计算公式为 $e=1+\dfrac{1}{1!}+\dfrac{1}{2!}+\cdots+\dfrac{1}{n!}+\cdots$。编写程序计算 e 的近似值，要求被舍弃的首项 $\left|\dfrac{1}{n!}\right| < 0.000001$。

2. 某旅行团有男人、女人和小孩共 30 人，在纽约一家小饭馆里吃饭，该饭馆按人头收费，每个男人收取 3 美元，每个女人收取 2 美元，每个小孩收取 1 美元，共收取 50 美元，问共有多少组解？

3. 猴子第 1 天摘下若干个桃子，当即吃了一半，又多吃了 1 个桃子。以后每天早晨猴子都吃掉前一天剩下的一半多 1 个桃子。到第 5 天时，猴子再去吃桃子时发现只剩下 1 个桃子。问第 1 天猴子摘了多少个桃子？

4. 有 1、2、3、4 四个数字，能组成多少个互不相同且无重复数字的 3 位数？都是多少？

5. 从键盘上任意输入 10 个数，求其最大值与最小值。

6. 打印所有的"水仙花数"。所谓"水仙花数"是指一个 3 位数，其各位数字立方和等于该数本身。例如，153 是一个"水仙花数"，因为 $153=1^3+5^3+3^3$。

7. 输入一行字符，分别统计出其中英文字母、空格、数字和其他字符的个数。

8. 求 $s=a+aa+aaa+aaaa+\cdots+aa\cdots a$ 的值，其中，a 是一个数字。例如，2+22+222+2222+22222（此时共有 5 个数相加），由键盘控制几个相加的数字。

9. 打印如下图案。

```
          *
         ***
        *****
       *******
```

10. 求 1+2!+3!+…+20!的和。

第 6 章

数组

在程序设计中，为了处理方便，把具有相同类型的若干变量按有序的形式组织起来。这些按序排列的同类数据元素的集合称为数组。在 C 语言中，数组属于构造类型。一个数组可以分解为多个数组元素，这些数组元素可以是基本数据类型或是构造类型。因此，按数组元素的类型不同，数组可以分为数值数组、字符数组、指针数组、结构数组等。本章只介绍数值数组和字符数组，其他类型将在后面章节中进行介绍。

6.1 一维数组

6.1.1 一维数组的定义

一维数组定义的语法格式如下：
```
类型说明符 数组名 [常量表达式];
```
例如：
```
int array[3];
float f[10];
char c[5];
```

说明：

（1）类型说明符：指定数组的数据类型，它也是数组中每个元素的数据类型，同一数组中的元素必须具有相同的数据类型。"int array[3];"表示定义了一个名为 array 的一维数组，数组 array 中的 3 个元素的数据类型都是 int 型，只能存放整型数据。类型说明符可以是任何基本数据类型，如 float、double、char 等；也可以是其他数据类型，如结构体类型、共用体类型等。

（2）数组名：它是用户自己定义的标识符，其命名也必须遵循标识符命名规则，不能与变量名相同。

（3）常量表达式：方括号中的常量表达式表示该数组的长度，即数组中元素的个数。定义数组时，常量表达式一定要写在方括号中。常量表达式可以是整型常量或符号常量，但不能包含变量（C 语言不允许对数组的大小进行动态定义）。例如：
```
    int n=3;
    int array[n];    //错误
```
（4）数组元素的下标是元素相对于数组起始地址的偏移量，所以从 0 开始按顺序编号。本实例中定义的 array 数组含有 3 个数组元素，分别为 array [0]、array [1]、array [2]。由于下标是从 0 开始的, 所以不能使用下标大于或等于 3 的元素, 如 array [3]、array [4]…。(C 语言对数组不进行越界检查, 使用时要注意)。

6.1.2 一维数组元素的引用

数组同变量一样, 必须先定义后引用, 引用数组中的任意一个元素的语法格式如下:

```
数组名[下标]
```

其中,"下标"可以是整型常量或整型表达式。例如:

```
array [5]
array [i+j]
array [i++]
```

都是合法的数组元素。

> **说明:**
> (1) 只能对数组元素逐个引用, 而不能一次引用整个数组。
> (2) 在引用数组元素时, 下标可以是整型常数、已经赋值的变量或变量的表达式。
> (3) 由于每个数组元素本身也是某一种数据类型的变量, 因此, 前文中对变量的各种操作也都适用于数组元素。
> (4) 引用数组元素时, 下标上限(最大值)不能越界。如果数组含有 n 个元素, 则下标的最大值为 $n-1$(下标是从 0 开始); 如果下标超出界限, 则 C 语言编译程序并不会给出错误信息。也就是说, 编译器并不会检查数组是否下标越界, 程序仍可以正常运行, 但可能会改变该数组以外其他变量或数组元素的值, 由此会导致输出不正确的结果。

【例 6-1】 数组元素的引用, 代码如下:

```
#include<stdio.h>
main()
{   int i,a[6];
    for(i=0;i<6;i++)
      scanf("%d",&a[i]);
    for(i=0;i<6;i++)
      printf("%d",a[i]);
printf("\n");
}
```

运行结果为:

```
1 2 3 4 5 6
1 2 3 4 5 6
```

本实例中第 1 个循环语句输入 a 数组中各元素的值, 再使用第 2 个循环语句, 输出数组元素 a[0]~a[5]的各个数值。

> **注意:**
> 不能使用"scanf("%d", a);"方式一次性输入所有元素的值。数组名表示的是一个地址常量, 它表示整个数组的首地址。同一数组中的所有元素按其下标顺序占用一段连续的存储单元。

a 表示数组起始地址, &a[0]表示第 1 个数组元素的地址, 与数组起始地址相同, &a[1]表示第 2 个数组元素的地址, 等于第 1 个数组元素的地址+4。

【例 6-2】 求一组学生的平均成绩, 代码如下:

```
#include<stdio.h>
main()
{
 int grade[5], i, total;
 float average;
 total = 0 ;
 printf("请输入 5 个学生的成绩: \n");
 for (i= 0; i<5;i++)
 { printf("grade[%d] =", i);
   scanf("%d",&grade[i]);
   total = total + grade [i];
 }
 average=(float)total/5 ;
 printf("average= %0.2f\n" ,average);
}
```

运行结果为：

```
请输入 5 个学生的成绩:
grade[0] =78
grade[1] =45
grade[2] =97
grade[3] =89
grade[4] =72
average= 76.20
```

这个程序从键盘上输入 5 个学生的成绩，并计算平均成绩，for 循环变量 i 从 0 变化到 4，对应数组元素下标的变化。printf 语句每次显示出要接收的下标变量 grade[0]～grade[4]，scanf 语句接收相应的值，再把它们加到变量 total 中，循环结束后计算出平均成绩。

6.1.3　一维数组的初始化

数组元素和变量一样，可以在定义的同时赋初值，称为数组的初始化。

一维数组初始化的语法格式如下：

类型说明符　数组名[N]={初值 1,初值 2,…};

对于数组中的若干数组元素来说，可以在{ }中给出各数组元素的初值，各初值之间使用逗号分隔。例如：

int a[10]={ 0,1,2,3,4,5,6,7,8,9 };

等价于：

a[0]=0;a[1]=1;…;a[9]=9

C 语言对数组的初始化赋值还有以下几个规定。

（1）可以只对部分元素赋初值。

当{ }中初值的个数少于元素个数时，系统按照元素的排列顺序只对前面部分元素赋初值。例如：

int a[10]={0,1,2,3,4};

表示只给 a[0]～a[4]5 个元素赋初值，而后面的 5 个元素自动赋初值为 0。

注意：如果数组没有赋任何初值，则元素值不确定。

（2）只能对元素逐个赋初值，不能对数组整体赋初值。

例如，给 10 个元素全部赋初值为 1，只能写为：

```
int a[10]={1,1,1,1,1,1,1,1,1,1};
```

而不能写为：

```
int a[10]=1;
```

（3）如果给出所有元素的初值，则在数组说明中，可以不给出数组元素的个数。例如：

```
int a[5]={1,2,3,4,5};
```

也可以写为：

```
int a[]={1,2,3,4,5};
```

系统会自动根据元素初值的个数来确定数组的长度。

（4）如果花括号中提供的元素初值个数大于数组长度，则提示语法错误"too many initializers"。

【例 6-3】求数组中 8 个数的最大值。

解题思路：将第 1 个元素先作为最大值与后面的元素逐一进行比较，如果有比其大的，则替换最大值，最后将结果输出。

代码如下：

```
#include <stdio.h>
main( )
{ int  i,min,a[8]={35,5,9,6,2,7,67,49};
  for(i=0; i<8; i++)
    printf("%6d",a[i]);
  printf( "\n");
  min=a[0];
  for (i=1;i<8;i++)
    if(a[i]<min)
    min=a[i];
  printf( "min=%d\n",min);
}
```

运行结果为：

```
   35    5    9    6    2    7   67   49
min=2
```

【例 6-4】利用数组求斐波那契数列的前 20 项，代码如下：

```
#include <stdio.h>
main()
{  int i;
   int f[20]={1,1};
   for(i=2;i<20;i++)
     f[i]=f[i-2]+f[i-1];
   for(i=0;i<20;i++)
   {  if(i%5==0)  printf("\n");
      printf("%12d",f[i]);
   }
   printf("\n");
}
```

运行结果为：

```
           1           1           2           3           5
           8          13          21          34          55
          89         144         233         377         610
         987        1597        2584        4181        6765
```

【例 6-5】利用冒泡法对 *n* 个数由小到大排序。

排序过程：

（1）比较第 1 个数与第 2 个数，如果为逆序 a[0]>a[1]，则交换；然后比较第 2 个数与第 3 个数；依次类推，直至第 *n*-1 个数和第 *n* 个数比较为止——第 1 趟冒泡排序，结果最大的数被安置在最后一个元素位置上。

（2）对前 *n*-1 个数进行第 2 趟冒泡排序，结果使次大的数被安置在第 *n*-1 个元素位置上。

（3）重复上述过程，共经过 *n*-1 趟冒泡排序后，排序结束。

以 8 个数为例，第 1 趟排序过程如图 6-1 所示。

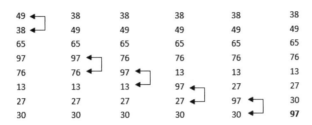

图 6-1　第 1 趟排序过程

其余几趟排序结果如图 6-2 所示。

38	38	38	13	13	13
49	49	13	27	27	27
65	13	27	30	30	
13	27	30	38		
27	30	49			
30	65				
76					
第2趟	第3趟	第4趟	第5趟	第6趟	第7趟

图 6-2　其余几趟排序结果

通过上面排序结果可以看出，如果有 *n* 个数排序，则要进行 *n*-1 趟比较。在第 1 趟要进行 *n*-1 次两两比较，在第 *i* 趟要进行 *n*-*i* 次两两比较。根据这个思路编写程序（设 *n*=10），定义数组长度为 11，本实例不使用 a[0]，只使用 a[1]～a[10]，以符合人们的习惯。

代码如下：

```c
#include <stdio.h>
main()
{   int a[11],i,j,t;
    printf("请输入要排序的 10 个数:\n");
    for(i=1;i<11;i++)
       scanf("%d",&a[i]);
    printf("\n");
    for(i=1;i<=9;i++)
       for(j=1;j<=10-i;j++)
          if(a[j]>a[j+1])
          {t=a[j]; a[j]=a[j+1]; a[j+1]=t;}
    printf("排序后的结果:\n");
```

```
    for(i=1;i<11;i++)
    printf("%d ",a[i]);
}
```

运行结果为：

```
请输入要排序的 10 个数：
23 5 76 97 34 234 657 445 16 572
排序后的结果：
5 16 23 34 76 97 234 445 572 657
```

6.2 二维数组

6.2.1 二维数组的定义

二维数组定义的语法格式如下：

```
类型说明符 数组名 [常量表达式1] [常量表达式2];
```

其中，"常量表达式 1"表示第一维数组下标的长度，"常量表达式 2"表示第二维数组下标的长度。

例如：

```
int a[3][4];
float f[2][5];
char c[3][2];
```

> **说明：**
>
> （1）二维数组中的每一个数组元素均有两个下标，而且必须分别放在方括号内，注意不能把多个下标放在一对方括号内，即不能写成"int a[3,4];"。
>
> （2）二维数组中的第 1 个下标表示该数组具有的行数，第 2 个下标表示该数组具有的列数，两个下标之积是该数组中数组元素的个数。例如，"int a[3][4];"定义 a 是一个 3×4（3 行 4 列）的数组，即 a 数组有 12 个元素。
>
> （3）二维数组可以被看作一种特殊的一维数组，它的元素又是一个一维数组。例如，"int a[3][4];"，首先把 a 看作一个一维数组，它有 3 个元素 a[0]、a[1]、a[2]。每个元素又是一个包含 4 个元素的一维数组。a[0]、a[1]、a[2]是一维数组的数组名，它的元素是 a[0][0]、a[0][1]、a[0][2]、a[0][3]、a[1][0]、…、a[1][3]、a[2][0]、…、a[2][3]，如图 6-3 所示。

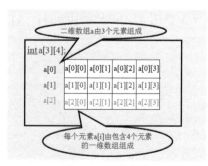

图 6-3 二维数组

（4）二维数组在概念上是二维的，其下标在两个方向上变化。但是，实际的硬件存储器却是连续编址的，也就是说存储器单元是按一维线性排列的。在一维存储器中存放二维数组，可以有两种方式：一种是按行存放，即放完第 1 行之后顺次放入第 2 行；另一种是按列存放，即放完第 1 列之后再顺次放入第 2 列。在 C 语言中，二维数组是按行存放的。即先存放 a[0] 行，再存放 a[1]行，最后存放 a[2]行。每行中的 4 个元素也依次存放。

6.2.2　二维数组元素的引用

二维数组元素引用的语法格式如下：

数组名[下标表达式][下标表达式]

例如：

a[0][1];

> **注意**：二维数组元素的两个下标不要越界。例如，"int a[3][4];"可以使用的行下标范围为 0～2，列下标范围为 0～3。

【例 6-6】 给一个 3×4 的二维数组元素赋值，并输出全部元素的值，代码如下：

```c
#include <stdio.h>
main()
{int i,j,a[3][4];
printf("输入数组数据:\n");
for(i=0;i<3;i++)          //外循环控制行数
   for(j=0;j<4;j++)        //内循环控制列数
      scanf("%d",&a[i][j]);
printf("输出数组数据:\n");
for(i=0;i<3;i++)
   { for(j=0;j<4;j++)
      printf("%d\t",a[i][j]);
   printf("\n");
   }
}
```

运行结果为：

```
输入数组数据:
1 2 3 4
5 6 7 8
9 10 11 12
输出数组数据:
1       2       3       4
5       6       7       8
9       10      11      12
```

6.2.3　二维数组的初始化

二维数组的初始化有以下几种方法。

（1）分行给二维数组中的元素赋初值，即按行赋初值。例如，"int a[3][4]={{0,1,2,3}, {4,5,6,7}, {8,9,10,11}};"，每一行的初值单独写在一个花括号内。

（2）将所有初值写在一个花括号内，按数组元素在内存中的存储顺序依次对各元素赋初值。例如，"int a[3][4]={0,1,2,3,4,5,6,7,8,9,10,11};"。

（3）只给部分元素赋初值。例如，"int a[3][4]={{1},{3,4}};"，初始化后数组元素 a[0][0]、a[1][0]、a[1][1]的值分别为 1、3、4，其他元素的值均为 0。

（4）当全部元素赋初值时可以不指定第一维数组的长度。此时第一维数组的长度由第二维数组的长度（列数）自动确定。例如，"int a[][4]={0,1,2,3,4,5,6,7,8,9,10,11};"。

【例 6-7】有一个 3×4 的矩阵，要求编程求出其中最大的元素的值，以及其所在的行号和列号。

解题思路：将第 1 个元素先作为最大值与后面的元素逐一进行比较，如果有比其大的值，则替换最大值，同时记录其所在的行号和列号。

代码如下：

```c
#include <stdio.h>
main()
{int i,j,row=0,colum=0,max;
 int a[3][4]={{1,2,3,4},{9,8,7,6}, {-10,10,-5,2}};
 max=a[0][0];
 for (i=0;i<=2;i++)
   for (j=0;j<=3;j++)
     if (a[i][j]>max)
     { max=a[i][j];  row=i;  colum=j; }
 printf("最大值: %d\n 行号: %d\n 列号: %d\n",max,row,colum);
}
```

运行结果为：

```
最大值: 10
行号: 2
列号: 1
```

【例 6-8】将一个二维数组行和列的元素互换，存到另一个二维数组中。

$$a = \begin{bmatrix} 1 & 2 & 3 \\ 4 & 5 & 6 \end{bmatrix} \Longrightarrow b = \begin{bmatrix} 1 & 4 \\ 2 & 5 \\ 3 & 6 \end{bmatrix}$$

解题思路：对于数组 a 的每一个元素找到其在数组 b 中的位置。

代码如下：

```c
#include <stdio.h>
main()
 {  int a[2][3]={{1,2,3},{4,5,6}};
    int b[3][2],i,j;
    printf("array a:\n");
    for (i=0;i<=1;i++)
    { for (j=0;j<=2;j++)
      { printf("%5d",a[i][j]);
          b[j][i]=a[i][j];
        }
      printf("\n");
    }
  printf("array b:\n");
  for (i=0;i<=2;i++)
  { for(j=0;j<=1;j++)
        printf("%5d",b[i][j]);
      printf("\n");
```

```
    }
  }
```

运行结果为：

```
array a:
    1    2    3
    4    5    6
array b:
    1    4
    2    5
    3    6
```

【例 6-9】将下表中的值读入数组，分别求出各行、各列及表中所有数之和。

12	4	6
8	23	3
15	7	9
2	5	17

解题思路：定义一个 5×4 的二维数组存储数据，其中前面 4 行 3 列用来存储原始数据，每一行的和保存在最后一列，每一列的和保存在最后一行，x[4][3]用来保存所有元素之和。

代码如下：

```
#include <stdio.h>
main()
{   int x[5][4],i,j;
    printf("请输入数据: \n");
    for(i=0;i<4;i++)
      for(j=0;j<3;j++)
        scanf("%d",&x[i][j]);
    for(i=0;i<4;i++)
      x[4][i]=0;                //最后一行元素全部设置为 0
    for(j=0;j<5;j++)
      x[j][3]=0;                //最后一列元素全部设置为 0
    for(i=0;i<4;i++)
      for(j=0;j<3;j++)
      {   x[i][3]+=x[i][j];      //求每行元素之和
          x[4][j]+=x[i][j];      //求每列元素之和
          x[4][3]+=x[i][j];      //求所有元素之和
      }
    printf("求和之后结果: \n");
      for(i=0;i<5;i++)
      {   for(j=0;j<4;j++)
            printf("%5d\t",x[i][j]);
          printf("\n");
      }
}
```

运行结果为：

```
请输入数据:
12    4    6
 8   23    3
15    7    9
 2    5   17
求和之后结果:
```

```
   12        4        6        22
    8       23        3        34
   15        7        9        31
    2        5       17        24
   37       39       35       111
```

6.3　字符数组

6.3.1　字符数组的定义

字符数组定义的语法格式与前文介绍的数值数组定义的语法格式基本相同。

一维字符数组定义的语法格式如下：

```
char   数组名[常量表达式];
```

例如：

```
char c[10];
```

二维字符数组定义的语法格式如下：

```
char   数组名[常量表达式 1][常量表达式 2];
```

例如：

```
char c[10][10];
```

6.3.2　字符数组元素的引用

字符数组元素的引用同前文介绍的数值数组元素的引用基本相同，每次只能引用一个字符数组元素，只得到一个字符。其引用的语法格式如下：

```
数组名[下标 1]『[下标 2]『[下标 3] … 』』      //『…』为可选项，表示其内容可有可无
```

例如：

```
c[0][1];
```

6.3.3　字符数组的初始化

在定义字符数组时给字符数组元素赋初值，就称为字符数组的初始化。

（1）花括号中提供的初值个数（即字符个数）等于数组长度。例如：

```
char a[5]={ 'C', 'h', 'i', 'n', 'a'};
```

（2）如果花括号中提供的初值个数大于数组长度，则出现语法错误。如果初值个数小于数组长度，则将这些初值赋给字符数组前面的元素，其他元素自动为空字符（'\0'）。例如：

```
char a[5]={ 'C', 'h'};
```

（3）如果花括号中提供的初值个数等于数组长度，则在定义字符数组时可以省略数组长度。例如：

```
char c[ ]= { 's', 'h', 'e', 'e', 'p'};
```

6.3.4　字符串及其结束标志

在 C 语言中，虽然有字符串常量，却没有专门的字符串变量，所有字符串的输入、输出、存储和处理等操作都要使用字符数组来实现。为了测定字符串的实际长度，C 语言规定了一

个字符串结束标志（'\0'）。遇到'\0'表示字符串结束，由它前面的字符组成字符串。'\0'对应的是 ASCII 码值为 0 的字符，它是一个"空操作符"，什么也不做，而且也不可显示，它只作为一个标志，起到辨别的作用。

可以使用字符串常量对字符数组初始化。例如：

```
char c1[]={"China"};  //花括号可以省略
```

等价于：

```
char c1[]={'C', 'h', 'i', 'n', 'a','\0'};
```

字符数组 c1 的长度是 6，不是 5，因为字符串常量的末尾会由系统自动加上一个'\0'，不和下面的字符数组定义及初始化等价：

```
char c2[]={'C', 'h', 'i', 'n', 'a'};    // 字符数组 c2 的长度是 5
```

6.3.5 字符数组的输入/输出

字符数组的输入/输出有以下两种方法。

（1）逐个字符输入/输出：使用"%c"格式输入/输出一个字符。例如：

```
scanf("%c",&a[0]);
printf("%c", a[0]);
```

（2）将整个字符串一次性输入/输出：使用"%s"格式输入/输出一个字符串。

【例 6-10】以字符串方式输入/输出字符数组，代码如下：

```
#include <stdio.h>
 main()
{    char    str[10];
     printf("请输入字符串: \n");
     scanf("%s", str);
     printf("输出字符数组: \n");
     printf("%s\n", str);
}
```

运行结果为：

```
请输入字符串:
china
输出字符数组:
china
```

> **说明：**
>
> （1）当使用"%s"格式输出字符数组时，遇到'\0'结束输出，并且输出字符中不包含'\0'。如果数组中包含多个'\0'，则遇到第 1 个'\0'时结束输出。
>
> （2）当使用"%s"格式输入/输出字符数组时，scanf()函数的地址表列、printf()函数的输出表列都使用字符数组名。数组名前不能再添加"&"，因为数组名就是数组的起始地址。
>
> （3）当使用"%s"格式为字符数组输入数据时，遇空白字符结束输入。但所读入的字符串中不包含空白字符，而是在字符串末尾添加'\0'。输入的字符个数应该小于数组的长度，否则可能会产生致命性错误。

【例 6-11】多个字符串的输入/输出，代码如下：

```
#include <stdio.h>
main()
{ char a[15],b[5],c[5];
```

```
    scanf("%s%s%s",a,b,c);
    printf("a=%s\nb=%s\nc=%s\n",a,b,c);
    scanf("%s",a);
    printf("a=%s\n",a);
}
```

运行结果为：

```
What are you doing?
a=What
b=are
c=you
a=doing?
```

6.3.6 字符串处理函数

C 语言提供了丰富的字符串处理函数，大致可分为字符串的输入、输出、连接、复制、比较等几类。使用这些函数可大大减轻编程的负担。用于输入/输出的字符串函数，在使用前应包含头文件<stdio.h>，使用其他字符串函数应包含头文件<string.h>。

下面介绍几个常用的字符串函数。

1. 字符串输出函数

puts()函数的作用是向终端输出一个字符串。

其语法格式如下：

```
puts(字符数组)
```

例如：

```
char c[10]="student";
puts(c);
```

> 说明：
> （1）当使用 puts()函数输出字符串时，会用'\n'取代字符串的结束标志'\0'，因此不用另加换行符。
> （2）使用 puts()函数输出的字符串中可以包含各种转义字符。
> （3）puts()函数一次只能输出一个字符串，而 printf()函数也能用于输出字符串，且一次能够输出多个字符串。

2. 字符串输入函数

gets()函数的作用是从终端输入一个字符串到字符数组，并得到一个函数值，该函数值是字符数组的首地址（即起始地址）。

其语法格式如下：

```
gets(字符数组)
```

> 说明：
> （1）gets()函数读取的字符串，其长度没有限制，要保证字符数组有足够大的空间，能够存放输入的字符串。
> （2）使用 gets()函数输入的字符串中允许包含空格，而使用 scanf()函数输入的字符串中不允许包含空格。

【例 6-12】字符串输入/输出函数的应用，代码如下：

```
#include <stdio.h>
```

```
 main( )
{    char string[80];
     printf("请输入一个字符串:\n");
     gets(string);
     puts(string);
}
```

运行结果为:

```
请输入一个字符串:
I am a student!
I am a student!
```

3. 字符串连接函数

strcat()函数的作用是连接两个字符数组中的字符串。把字符串 2 连接到字符串 1 的后面,结果放在"字符数组 1"中,该函数被调用后得到一个函数值,该函数值是字符数组的首地址。

其语法格式如下:

```
strcat(字符数组1,字符数组2)
```

例如:

```
char a[20]="My name is ",b[10]="Li ming";
strcat(a, b);  //连接之后字符数组a的内容为 "My name is Li ming"
```

> **说明:**
> (1)"字符数组 1"的长度定义得要足够大,以便能够容纳连接后的目标字符串;否则,会因长度不够而产生错误。
> (2)连接前两个字符串都有结束标志'\0',连接后"字符数组 1"中原有的字符串结束标志'\0'被舍弃,只在目标字符的末尾保留一个'\0'。

4. 字符串复制函数

strcpy()函数的作用是复制字符串,把"字符数组 2 或字符串 2"复制到"字符数组 1"中。复制时连同'\0'一起复制到"字符数组 1"中。

其语法格式如下:

```
strcpy(字符数组1,字符数组2或字符串2)
```

> **说明:**
> (1)"字符数组 1"的长度定义得要足够大,以便能够容纳复制过来的目标字符串。
> (2)不能使用赋值运算符 "=" 将一个字符串直接赋值给一个字符数组,只能使用 strcpy()函数来处理。例如:

```
char a[20];
a="My name is ";  //错误
```

【例 6-13】字符串复制函数的应用,代码如下:

```
#include <stdio.h>
#include <string.h>
void main()
{  char dest[25];
   char blank[] = " ", c[]= "C++6.0",vis[] = "Visual";
   strcpy(dest, vis);
   strcat(dest, blank);
   strcat(dest, c);
```

```
   printf("%s\n", dest);
}
```

运行结果为:

```
Visual C++6.0
```

5. 字符串比较函数

strcmp()函数的作用是比较两个字符串的大小。

其语法格式如下:

```
strcmp(字符串1,字符串2)
```

字符串比较的规则：对两个字符串从左到右逐个字符进行比较（按其 ASCII 码值大小比较），直到出现不同的字符或遇到\0'为止。如果全部字符都相同，则两个字符串相等，否则以第一对不同字符的比较结果为准。例如：

```
strcmp ("computer"," compare");
```

说明：

（1）比较的结果由函数值带回。

    如果字符串 1=字符串 2，则函数值为 0 。

    如果字符串 1>字符串 2，则函数值为一个正整数。

    如果字符串 1<字符串 2，则函数值为一个负整数。

例如：

```
strcmp("CHINA","CANADA");
```

运行结果为正整数。

```
strcmp("DOG","cat");
```

运行结果为负整数。

（2）不能使用关系运算符来比较两个字符串，只能使用 strcmp()函数来比较两个字符串。例如：

```
if(str1>str2)
 printf("yes");          //错误
if(strcmp(str1,str2)>0)
    printf("yes");          //正确
```

【例 6-14】字符串比较函数的应用，代码如下：

```
#include <stdio.h>
main()
{char pass[80];
 int i=0;
 while(1)
 {
 printf("请输入密码:\n");
 gets(pass);                        //输入密码
 if(strcmp(pass,"password")!=0)      //口令错误
     printf("口令错误，按任意键继续");
 else
    {printf("恭喜你，口令正确\n");
    break;                          //输入正确的密码，中止循环
     }
 getchar();
 i++;
 if(i==3)
```

```
        {printf("错误口令达到 3 次，退出程序\n");
        break;                          //输入 3 次错误的密码，退出程序
        }
    }
}
```

运行结果为：

```
请输入密码：
password
恭喜你，口令正确
```

再次运行：

```
请输入密码：
china
口令错误，按任意键继续
请输入密码：
teacher
口令错误，按任意键继续
请输入密码：
C++
口令错误，按任意键继续
错误口令达到 3 次，退出程序
```

6. 字符串长度函数

strlen()函数用于测试字符串的长度，其函数值为字符串的实际长度，不包括字符串的结束标志'\0'。

其语法格式如下：

```
strlen(字符数组名或字符串常量)
```

例如：

```
strlen("china");
```

运行结果为

```
5
```

【例 6-15】判断一个字符串是否为回文串（回文串是指正读、反读都一样的字符串，如字符串 "abc121cba"）。

解题思路：定义下标 i、j 分别指向字符串首尾元素，依次进行比较，如果不同则说明不是回文串，如果所有对应字符都相同则说明是回文串。

代码如下：

```
#include <stdio.h>
#include <string.h>
main()
{char x[20];
 int i,j,n;
 gets(x);
 n=strlen(x);
 i=0;j=n-1;
 while(x[i]==x[j]&&i<j)
    {i++;j--;}
 if(i>=j) printf("字符串是回文串\n");
 else  printf("字符串不是回文串\n");
}
```

运行结果为:

```
abc121cba
字符串是回文串
```

7．字符串小写函数

strlwr()函数用于将字符串的大写字母转换成小写字母。

其语法格式如下:

```
strlwr(字符串)
```

例如:

```
strlwr("CHINA"str1);
```

运行结果为:

```
china
```

8．字符串大写函数

strupr()函数用于将字符串的小写字母转换成大写字母。

其语法格式如下:

```
strupr(字符串)
```

例如:

```
strupr("china"str1);
```

运行结果为:

```
CHINA
```

【例 6-16】给定 3 个字符串，求出其中最大者，代码如下:

```
#include <stdio.h>
#include <string.h>
main()
{   char string[20],str[3][20];
    int i;
    for(i=0;i<3;i++)
      gets(str[i]);
    if(strcmp(str[0],str[1])>0)
     strcpy(string,str[0]);
    else
      strcpy(string,str[1]);
    if(strcmp(str[2],string)>0)
    strcpy(string,str[2]);
    printf("\n 最大的字符串是: \n%s\n",string);
}
```

运行结果为:

```
windows
student
visual c++
最大的字符串是:
windows
```

6.4 程序举例

【例 6-17】把一个整数 x 按大小顺序插入已排好序（从大到小）的数组 a 中。假设数组 a 中有 10 个数。

解题思路：为了把一个整数按大小顺序插入到已排好序的数组 a 中，首先把将要插入的数与数组中各元素逐个比较，当找到第一个比插入数小的元素 i 时，即可确定该元素之前为插入位置。然后从数组最后一个元素开始到该元素为止，逐个后移一个单元。最后把插入的数赋给元素 i 即可。如果要插入的数比所有的元素值都小则插入数组 a 的最后位置。

代码如下：

```
#include <stdio.h>
main()
{ int i,s,x,a[11]={162,127,105,87,68,54,28,18,6,3};
  printf("请输入要插入的数据x:");
  scanf("%d",&x);
  for(i=0;i<10;i++)
    if(x>a[i])                    //确定 x 的位置
       {for(s=9;s>=i;s--)
           a[s+1]=a[s];           //移动元素，空出 x 的位置
           break;
       }
  a[i]=x;                         //插入 x
  for(i=0;i<=10;i++)
    printf("%d ",a[i]);
  printf("\n");
}
```

运行结果为：

```
请输入要插入的数据x:58
162 127 105 87 68 58 54 28 18 6 3
```

【例 6-18】输入一行字符，统计其中有多少个单词，单词之间使用空格分隔。

解题思路：问题的关键是怎样确定"出现一个新单词了"。使用变量 word 作为判断当前是否开始了一个新单词的标志。如果 word=0 则表示未出现新单词，如果 word=1 则表示出现了新单词。把 word 置成 1，新单词的第一个字母计数。

代码如下：

```
#include <stdio.h>
main()
{   char string[81];
    int i,num=0,word=0;
    char c;
    gets(string);
    for(i=0;(c=string[i])!='\0';i++)
      if(c==' ')  word=0;
      else if(word==0)
      {   word=1;  num++;   }
    printf("这一行中共有 %d 个单词\n",num);
}
```

运行结果为：

```
We felt English very difficult when we began to study English.
这一行中共有 11 个单词
```

【例 6-19】从键盘输入一组选择题答案，计算并输出答案的正确率。连续输入 5 个答案，答案分别是'a'、'c'、'b'、'a'和'd'。

解题思路：定义一个 5 个元素的一维数组保存标准答案，利用循环从键盘输入 5 个答案，每个答案跟标准答案进行比较，记录正确答案的个数，最后计算出正确率并输出。

代码如下：

```
#include <stdio.h>
main()
{ char key[ ]={'a','c','b','a','d'};
  char c;
  int i=0,numcorrect=0;
  printf("请输入你所选择的 5 个答案:\n");
  while((c=getchar())!='\n')
  { if(c == key[i])
      { numcorrect++;
        printf(" "); }
    else printf("*");
    i++;
  }
  printf("正确率为%.2f%%\n",(float)numcorrect/5*100);
}
```

运行结果为：

```
请输入你所选择的 5 个答案:
acdba
 ***正确率为 40.00%
```

【例 6-20】输出杨辉三角形的前 10 行，如图 6-4 所示。

```
1
1   1
1   2   1
1   3   3   1
1   4   6   4   1
1   5   10  10  5   1
1   6   15  20  15  6   1
1   7   21  35  35  21  7   1
1   8   28  56  70  56  28  8   1
1   9   36  84  126 126 84  36  9   1
```

图 6-4　杨辉三角形

解题思路：定义一个 10×10 二维数组用于保存数据。数组中第 1 列和对角线上元素值为 1，其他元素值为前一行同列和前一行前一列两个元素之和，最后输出结果。

代码如下：

```
#include <stdio.h>
main()
{ int i,j; int x[10][10];
  for(i=0;i<10;i++)
    for(j=0;j<=i;j++)
      { if(j==0||i==j)
```

```
            x[i][j]=1;
        else
            x[i][j]=x[i-1][j]+x[i-1][j-1];
        }
  for(i=0;i<10;i++)
  { for(j=0;j<=i;j++)
      printf("%3d ",x[i][j]);
    printf("\n");
  }
}
```

运行结果为:

```
 1
 1   1
 1   2   1
 1   3   3   1
 1   4   6   4   1
 1   5  10  10   5   1
 1   6  15  20  15   6   1
 1   7  21  35  35  21   7   1
 1   8  28  56  70  56  28   8   1
 1   9  36  84  126 126 84  36   9   1
```

【例 6-21】输入 5 个国家的名字，将它们按字母顺序排列输出。

解题思路：5 个国家名字可以由一个二维字符数组来处理，也可以按 5 个一维数组来处理，每一个一维数组就是一个国家名字的字符串。用字符串比较函数比较各一维数组的大小，并排序输出结果。

代码如下：

```
#include<stdio.h>
#include<string.h>
main()
{
    char tem[20],cou[5][20];
    int i,j,p;
    printf("请输入国家名字:\n");
    for(i=0;i<5;i++)
      gets(cou[i]);
    printf("排序后的结果:\n");
    for(i=0;i<5;i++)
    { p=i;
        strcpy(tem,cou[i]);
        for(j=i+1;j<5;j++)
          if(strcmp(cou[j],tem)<0)
            {p=j;strcpy(tem,cou[j]);}
        if(p!=i)
        {
            strcpy(tem,cou[i]);
            strcpy(cou[i],cou[p]);
            strcpy(cou[p],tem);
        }
        puts(cou[i]);
    }
    printf("\n");
}
```

运行结果为：

```
请输入国家名字:
china
america
england
france
japan
排序后的结果:
america
china
england
france
japan
```

6.5 常见错误

1. 数组下标越界

例如：

```
int a[10], i ;
for (i = 0; i <= 10; i + + )
scanf("%d", &a[i]);
```

由于数组 a 定义了 10 个元素，下标为 0~9。当 i=10 时，实际上 scanf 形式为 "scanf("%d"，&a[10]);"，而数组 a 中根本就没有 a[10]这个元素，所以这次接收输入是错误的。C 语言本身对下标越界不进行检查，因此在发生这种错误时，程序可能会继续运行，而把错误带到程序的其他地方。

2. 数组整体赋值

例如：

```
int a[10],b[10];
…
b=a;
```

这是错误的，C 语言不允许对数组进行整体操作，如果想把 a 的值赋给 b，需要使用循环语句来实现。例如：

```
for (i = 0;i < 10; i + + ) b[i] = a[i];
```

同样也不能使用 scanf 一次接收一个数组的值，例如：

```
scanf("%d", &a);
```

这是错误的。

3. 接收字符串时使用了取地址运算符

例如：

```
char str[20];
scanf("%s", &str);
```

由于数组名本身就代表地址，所以不应该再添加 "&"。

4. 向一个字符数组赋字符串

例如：

```
char str[20] ;
```

```
str="hello";
```

这种错误实际上与第二种错误是一样的。C 语言不支持对数组进行整体操作，但用户由于看到字符数组初始化的情形，就以为能够把字符串赋给一个数组，这种错误出现的频率很高，应该加以重视。编译器会对这种情况给出错误提示。

5. 忘记在构造字符串末尾添加结束标志'\0'

例如：

```
i = 0 ;
while (( c = getchar() )! = '\n')
line[i ++]=c ;
printf("%s\n",line);
```

由于构造字符串末尾没有添加结束标志'\0'，当 printf 语句输出数组 line 的值时，从数组 line 的起始地址开始逐一输出字符后没有遇到'\0'，继续一直输出，这时的内容已不再是字符串中的字符了，可能是乱码，直到在内存中遇到另一处的'\0'，或者访问到不允许访问的地方发生错误才中断程序。因此，用户在构造一个字符串时，一定不要忘记在末尾添加结束标志'\0'。

课后习题

一、选择题

1. 如果定义数组"int a[3][4];"，则 a 数组元素的非法引用是_____。
   A. a[0][2*1]　　　　B. a[1][3]　　　　C. a[4-2][0]　　　　D. a[0][4]

2. 在 C 语言中，引用数组元素时，其数组下标的数据类型允许是_____。
   A. 整型常量　　　　　　　　　　B. 整型表达式
   C. 整型常量或整型表达式　　　　D. 任何类型的表达式

3. 下面程序运行后，变量 k 的值为_____。

```
int k=3, s[2];
s[0]=k; k=s[1]*10;
```

   A. 不定值　　　　B. 33　　　　　　C. 30　　　　　　D. 10

4. 定义如下变量和数组：

```
int k;
int a[3][3]={9,8,7,6,5,4,3,2,1};
```

   下面语句的输出结果是_____。

```
for(k=0;k<3;k++)printf("%d",a[k][k]);
```

   A. 7 5 3　　　　B. 9 5 1　　　　C. 9 6 3　　　　D. 7 4 1

5. 下列程序的运行结果是_____。

```
main()
{ char arr[2][4];
strcpy(arr,"you");
strcpy(arr[1],"me");
arr[0][3]='&';
printf("%s\n",arr);
}
```

   A. you&me　　　　B. you　　　　　C. me　　　　　D. err

6. 如果定义数组"char array[]="China";"，则数组 array 所占的内存空间为_____。

    A．4 字节   B．5 字节   C．6 字节   D．7 字节

7. 以下不正确的定义语句是_____。

    A．double x[5]={2.0,4.0,6.0,8.0,10.0};   B．int y[5]={0,1,3,5,7,9};

    C．char c1[]={'1','2','3','4','5'};   D．char c2[]={'\x10','\xa','\x8'};

8. 如果定义数组"int a[][3]={1,2,3,4,5,6,7};"，则 a 数组第一维的大小是_____。

    A．2 字节   B．3 字节   C．4 字节   D．无确定值

9. 对以下说明语句的正确理解是_____。

```
int a[10]={6,7,8,9,10};
```

    A．将 5 个初值依次赋给数组 a[1]～a[5]

    B．将 5 个初值依次赋给数组 a[0]～a[4]

    C．将 5 个初值依次赋给数组 a[6]～a[10]

    D．因为数组长度与初值的个数不相同，所以此语句不正确

10. 如果定义数组"int a[][4]={0,0};"，则下面不正确的叙述是_____。

    A．数组 a 的每个元素都可得到初值 0

    B．二维数组 a 的第一维大小为 1 字节

    C．当初值的个数能被第二维的常量表达式的值整除时，所得商就是第一维的大小

    D．只有数组元素 a[0][0]和 a[0][1]可获得初值，其他数组元素均得不到确定的初值

11. 有以下程序：

```
main()
{ char a[]={ 'a', 'b', 'c','d', 'e', 'f', 'g','h','\0'};
int i,j;
i=sizeof(a);
j=strlen(a);
printf("%d,%d\b",i,j);
}
```

程序的运行结果是_____。

    A．9,9   B．8,9   C．1,8   D．9,8

12. 假定 int 类型变量占用 2 字节，如果定义数组"int x[10]={0,2,4};"，则数组 x 在内存中所占字节数是_____。

    A．3   B．6   C．10   D．20

13. 以下能对二维数组 c 进行正确的初始化的语句是_____。

    A．int c[3][]={{3},{3},{4}};   B．int c[][3]={{3},{3},{4}};

    C．int c[3][2]={{3},{3},{4},{5}};   D．int c[][3]={{3},{},{3}};

14. 在 C 语言中，一维数组的定义方法为：类型说明 符数组名 _____。

    A．[常量表达式]   B．[整型常量]

    C．[整型变量]   D．[整型常量]或[整型表达式]

15. 如果二维数组 a 有 m 列，则计算任意一个元素 a[i][j]在数组 a 中相对位置的公式为（假设 a[0][0]位于数组 a 的第一个位置上）_____。

    A．i×m+j   B．j×m+I   C．i×m+j-1   D．i×m+j+1

16. 下面程序的运行结果是_____。

```
main()
{ int i;
int a[3][3]={1,2,3,4,5,6,7,8,9};
for(i=0;i<3;i++)
printf("%d ",a[2-i][i]);
}
```

    A. 1 5 9   B. 7 5 3   C. 3 5 7   D. 5 9 1

17. 以下不能对二维数组 a 进行正确初始化的语句是_____。

    A. int a[2][3]={0};   B. int a[][3]={{1,2},{0}};

    C. int a[2][3]={{1,2},{3,4},{5,6}};   D. int a[][3]={1,2,3,4,5,6};

18. 阅读下面程序，该程序的功能是_____。

```
#include <stdio.h>
main()
{ int c[]={23,1,56,234,7,0,34},i,j,t;
for(i=1;i<7;i++)
{ t=c[i];j=i-1;
while(j>=0 && t>c[j])
{c[j+1]=c[j];j--;}
c[j+1]=t;
}
for(i=0;i<7;i++)
printf("%d ",c[i]);
putchar('\n');
}
```

    A. 对数组元素进行升序排列   B. 对数组元素进行降序排列

    C. 对数组元素进行倒序排列   D. 对数组元素进行随机排列

19. 下列选项中错误的说明语句是_____。

    A. char a[]={'t','o','y','o','u','\0'};   B. char a[]={"toyou\0"};

    C. char a[]="toyou\0";   D. char a[]='toyou\0';

20. 下面对 C 语言字符数组的描述错误的是_____。

    A. 字符数组的下标从 0 开始

    B. 字符数组中的字符串可以进行整体输入/输出操作

    C. 可以在赋值语句中通过赋值运算符 "=" 对字符数组整体赋值

    D. 字符数组可以存储字符串

21. 下面程序的运行结果是_____。

```
#include <stdio.h>
#include <string.h>
main()
{ char a[30]="nice to meet you!";
strcpy(a+strlen(a)/2,"you");
printf("%s\n",a);
}
```

    A. nice to meet you you   B. nice to

    C. meet you you   D. nice to you

22．有以下程序：

```
#include <stdio.h>
main()
{ int k[30]={12,324,45,6,768,98,21,34,453,456};
int count=0,i=0;
while(k[i])
{ if(k[i]%2==0||k[i]%5==0)
count++;
i++;
}
printf("%d,%d\n",count,i);
}
```

程序的输出结果是_____。

    A．7,8   B．8,8   C．7,10   D．8,10

23．如果定义数组 "int aa[][3]={12,23,34,4,5,6,78,89,45};"，则 45 在数组 aa 中的行、列坐标各为_____。

    A．3,2   B．3,1   C．2,2   D．2,1

24．有以下程序：

```
#include <stdio.h>
main()
{ char s[80];
  int i,j;
  gets(s);
  for(i=j=0;s[i]!='\0';i++)
  if(s[i]!='H')_____
  s[j]='\0';
  puts(s);
}
```

这个程序的功能是删除输入的字符串中的字符'H'，则空线上应该填入_____。

    A．s[j++]=s[i];j++;   B．s[j]=s[i++];j++;

    C．s[j++]=s[i];   D．s[j]=s[i];

25．以下二维数组 c 正确的定义形式是_____。

    A．int c[3][]   B．float c[3,4]   C．double c[3][4]   D．float c(3)(4)

26．如果定义数组 "int c[3][4];"，则对数组元素引用正确的是_____。

    A．c[1][4]   B．c[1.5][0]   C．c[1+0][0]   D．以上表达都错误

27．如果有以下语句，则正确的描述是_____。

```
char a[]="toyou";
char b[]={'t','o','y','o','u'};
```

    A．a 数组和 b 数组的长度相同   B．a 数组长度小于 b 数组长度

    C．a 数组长度大于 b 数组长度   D．a 数组等价于 b 数组

28．如果定义数组 "char a[15],b[15]={"I love China"};"，则在程序中能将字符串 I love China 赋给数组 a 的正确语句是_____。

    A．a="I love China";   B．strcpy(b,a);

    C．a=b;   D．strcpy(a,b);

29. 如果定义数组"char a[20]= "abc",b[20]= "defghi";",则运行下列语句后的输出结果是_____。

```
printf("%d",strlen(strcpy(a,b)));
```

A. 11   B. 6

C. 5   D. 以上答案都不正确

30. 阅读以下程序,输入 love 和 China 后,程序的输出结果是_____。

```
#include <stdio.h>
#include <string.h>
main()
{ char a[30],b[30];
  int k;
  gets(a);
  gets(b);
  k=strcmp(a,b);
  if(k>0) puts(a);
  else if(k<0) puts(b);
}
```

A. love   B. China   C. loveChina   D. 没有输出结果

二、填空题

1. 下面程序的功能是输出数组 s 中最大元素的下标,请填空。

```
main()
{ int k, p,s[]={1, -9, 7, 2, -10, 3};
  for(p =0, k =p; p< 6; p++)
  if(s[p]>s[k]) _____
  printf("%d\n", k);
}
```

2. 下面程序的功能是把输入的十进制数以十六进制数的形式输出,请填空。

```
main()
{ char b[17]={"0123456789ABCDEF"};
int c[64],d,i=0,base=16;
long n;
printf("Enter a number:\n");scanf("%ld",&n);
do
{ c[i]= _____ ;
i++;
n=n/base;
}while(n!=0);
printf("Transmite new base:\n");
for(--i;i>=0;--i)
{ d=c[i];
printf("%c",b _____ );
}
printf("\n");
}
```

3. 下面程序的运行结果是_____。

```
main()
{ int i,j row,colum,m;
  int array[3][3]={{100,200,300},{28,72,-30}{-850,2,6}};
  m=array[0][0];
  for(i=0;i<3;i++)
```

```
         for(j=0;j<3;j++)
         if(array[i][j]<m)
         { m=array[i][j];
         colum=j;
         row=i;
         }
         printf("%d,%d,%d\n",m,row,colum);
      }
```

4. 下面程序的功能是求出数组 arr 的两条对角线上元素之和，请填空。

```
#include <stdio.h>
main()
{ int arr[3][3]={2,3,4,8,3,2,7,9,8},a=0,b=0,i,j;
  for(i=0;i<3;i++)
  for(j=0;j<3;j++)
  if(_____)
  a=a+arr[i][j];
  for(i=0;i<3;i++)
  for(_____;j>=0;j--)
  if(_____)
  b=b+ arr[i][j];
  printf("%d,%d\n",a,b);
}
```

5. 下面程序的功能是输入 20 个整数，统计非负数的个数并计算其和，请填空。

```
main( )
{ int I,a[20],s,count;
  s=count=0;
  for(I=0;I<20;I++)
  scanf("%d",_____);
  for(I=0;I<20;I++)
  {if(a[I]<0)
  _____;
  s+=a[I];
  count++;
  }
  printf("s=%d,count=%d\n",s,count);
}
```

6. 下面程序的功能是删减一维数组中所有相同的数，只保留一个。数组中的数已按从小到大的顺序排列，函数返回删除后数组中数据的个数。

例如，一维数组中的数据是：

```
2 2 2 3 4 4 5 6 6 6 6 7 7 8 9 9 10 10 10
```

删除后，一维数组中的数据是：

```
2 3 4 5 6 7 8 9 10
```

请填空。

```
#include<stdio.h>
#define N 80
int fun(int a[], int n)
{ int i,j=1;
for(i=1;i<n;i++)
if(a[j-1]_____ a[i])
a[j++]=a[i];
_____;
}
```

```
main()
{ int a[N]={ 2,2,2,3,4,4,5,6,6,6,6,7,7,8,9,9,10,10,10}, i, n=19;
printf("The original data :\n");
for(i=0; i<N;i++)
printf("%d ",a[i]);
n=fun(a,n);
printf("\nThe data after deleted :\n");
for(i=0; i<n;i++)
printf("%d ",a[i]);
printf("\n\n");
}
```

三、编程题

1. 利用选择法将 N 个数按从大到小的顺序排列。

2. 求一个 3×3 矩阵对角线元素之和。

3. 求一个 3×3 矩阵 $\begin{bmatrix} 1\,2\,3 \\ 4\,5\,6 \\ 7\,8\,9 \end{bmatrix}$ 某条对角线各个元素之和（如 1+5+9=15）。

4. 已知矩阵 $a = \begin{bmatrix} 1\,2\,3 \\ 4\,5\,6 \\ 7\,8\,9 \end{bmatrix}$，求 a 的转置矩阵。

5. 已知矩阵 $a = \begin{bmatrix} 1 & 2 & 3 & 4 \\ 8 & 9 & 10 & 15 \\ -7 & 8 & 9 & 2 \end{bmatrix}$，求其中最大值及所对应的行号、列号。

6. 不使用字符串连接函数，将两个字符串进行连接。

7. 将一个一维数组逆序输出。

8. 任意输入一个 5 阶方阵，输出这个方阵上三角元素中的最小数和下三角元素中的最大数。

第 7 章

函数

7.1 函数概述

前文已经介绍过，C 程序是由函数组成的。虽然在前面各章的程序中大多只有一个主函数 main()，但通常一个具有一定规模的 C 程序往往是由多个函数组成的。函数是 C 程序的基本模块，通过对函数模块的调用实现特定的功能。比如，我们使用 strlen()函数可以计算字符串的实际长度。C 语言中的函数相当于其他高级语言的子程序。C 语言不仅提供了极为丰富的库函数（如 Turbo C、Microsoft C 都提供了 300 多个库函数），还允许用户创建自己定义的函数。用户可以把自己的算法编成一个个相对独立的函数模块，然后利用调用的方法来使用函数。可以说 C 程序的全部工作都是由各式各样的函数完成的，所以也把 C 语言称为函数式语言。

由于采用了函数模块式的结构，C 语言易于实现结构化程序设计，使程序的层次结构清晰，便于程序的编写、阅读、调试。

在 C 语言中可以从不同的角度对函数分类。

（1）从函数定义的角度来看，可以分为库函数和用户自定义函数两种。

- 库函数：由 C 语言提供，用户无须定义，也不必在程序中进行类型说明，只需在程序开头将含有该函数原型的头文件包含进来，即可在程序中直接调用。在前面各章的例题中反复用到的 printf()、scanf()、getchar()、putchar()、gets()、puts()、strcat()等函数均属于库函数。

- 用户自定义函数：用户在程序中自己定义的函数，用来专门解决用户的特定需求。对于用户自定义函数来说，不仅要在程序中定义函数本身，而且在主调函数模块中必须先对该被调函数进行类型说明，然后才能使用。

（2）C 语言的函数兼有其他语言中的函数和过程两种功能，从这个角度来看，又可以分为有返回值函数和无返回值函数两种。

- 有返回值函数：此类函数被调用执行完后将向调用者返回一个执行结果，称为函数返回值。例如，数学函数属于此类函数。由用户定义的这种需要返回函数值的函数，必须在函数定义和函数说明中明确返回值的类型。

- 无返回值函数：此类函数用于完成某项特定的处理任务，执行完成后不向调用者返回函数值。这类函数类似于其他语言的过程。由于函数无须返回值，用户在定义此类函数时可指定它的返回值为空类型，空类型的说明符为"void"。

（3）从主调函数和被调函数之间数据传送的角度来看，又可以分为无参函数和有参函数两种。

- 无参函数：函数定义、函数说明及函数调用中均不带参数。主调函数和被调函数之间不进行参数传送。此类函数通常用来完成一组指定的功能，可以返回或不返回函数值。
- 有参函数：也称为带参函数。在函数定义及函数说明时都含有参数，称为形式参数（以下简称"形参"）。在函数调用时也必须给出参数，称为实际参数（以下简称"实参"）。当进行函数调用时，主调函数将把实参的值传送给形参，供被调函数使用。

（4）从函数的作用范围来看，又可以分为外部函数和内部函数两种。

- 外部函数：是指可以被任何源程序文件中的函数所调用的函数。
- 内部函数：是指只能被其所在的源程序文件中的函数所调用的函数。

（5）C 语言提供了极为丰富的库函数，这些库函数又可以从功能角度进行以下分类。

- 字符类型分类函数：用于对字符按 ASCII 码分类，如数字、控制字符、分隔符、大小写字母等。
- 转换函数：用于字符或字符串的转换；在字符量和各类数字量（整型、实型等）之间进行转换；在大小写字母之间进行转换。
- 目录/路径函数：用于文件目录和路径操作。
- 诊断函数：用于内部错误检测。
- 图形函数：用于屏幕管理和各种图形功能。
- 输入/输出函数：用于完成输入/输出功能。
- 接口函数：用于与 DOS、BIOS 和硬件的接口。
- 字符串函数：用于字符串操作和处理。
- 内存管理函数：用于内存管理。
- 数学函数：用于数学函数计算。
- 日期和时间函数：用于日期、时间转换操作。
- 进程控制函数：用于进程管理和控制。
- 其他函数：用于其他各种功能。

以上各类函数不仅数量多，而且有的还需要硬件知识才会使用，因此要想全部掌握这些函数需要一个较长的学习过程，应该先掌握一些最基本、最常用的函数，再逐步深入学习。由于课时关系，我们只介绍了一部分库函数，读者可根据需要查阅有关手册学习其他库函数。

> **说明：**
> （1）一个 C 程序可以由一个或多个函数组成，必须有且只能有一个名为 main() 的主函数。
> （2）C 程序的执行总是从 main() 主函数开始的，完成对其他函数的调用后再返回 main() 主函数，最后由 main() 主函数结束整个程序。
> （3）在 C 语言中，所有的函数定义，包括 main() 主函数都是平行的。也就是说，在一个函数的函数体内，不能再定义另一个函数，即不能嵌套定义。
> （4）main() 是主函数，它可以调用其他函数，而不允许被其他函数调用。

（5）其他函数之间允许相互调用，也允许嵌套调用。同一个函数可以被一个或多个函数调用一次或多次，如图 7-1 所示。

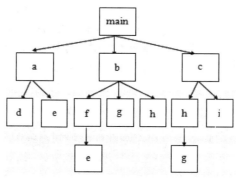

图 7-1 函数调用

7.2 函数的定义

和前面的变量与数组一样，函数也是先定义后使用。定义函数就是编写一段描述该函数要实现某种功能的程序。不能使用未定义的函数。

7.2.1 无参函数的定义

无参函数定义的语法格式如下：

```
类型标识符 函数名()          //函数首部
{  声明部分                 //函数体
   语句部分
}
```

类型标识符：用来指定函数返回值的数据类型，既可以是前文介绍的各种简单数据类型，也可以是复杂数据类型（如结构体类型等）。当函数的类型为 int 型时也可以省略，所以当不指明函数的类型时，系统默认函数返回值的数据类型是 int 型。无参函数一般不需要带回函数值，因此可以在函数名前面加上关键字 void（表示无类型或空类型），它表示本函数无返回值。

函数名：是一个标识符，其命名规则必须遵循 C 语言标识符命名规则。在同一个 C 源程序文件中，函数不允许重名。

函数名后面有一个空括号，其中无参数，但括号不可少（函数的标志）。

函数体：包含该函数所用到的变量定义或有关声明部分及实现该函数功能的相关程序段。需要注意的是，函数体部分一定要写在一对花括号里面。

函数体一般由声明部分和语句部分组成，声明部分主要是对本函数中使用到的变量进行定义；语句部分由 C 语言的基本语句组成，是实现函数功能的主体部分。每个函数必须单独定义，不允许嵌套定义，即不能在一个函数体中再定义另一个函数。

例如：

```
void print_message( )
{
  printf("How do you do!\n");
}
```

print_message()是一个无参函数，当被其他函数调用时，输出"How do you do!"这样一个字符串，该函数没有返回值。

空函数：是指函数体为空的函数，在空函数中，只定义函数的首部。空函数是什么都不做的函数，用于程序设计的初期，先占位置，便于以后扩充新功能，提高程序的可读性，使得程序的结构更加清晰。

例如：

```
dummy( )
 { }
```

7.2.2 有参函数的定义

有参函数定义的语法格式如下：

```
类型标识符 函数名(形式参数表列)        //函数首部
{  声明部分                          //函数体
   语句部分
}
```

有参函数比无参函数多了一个内容，即形式参数表列。在形式参数表列中给出的参数称为形式参数，以下简称"形参"，它们可以是各种类型的变量，各参数之间使用逗号分隔。在进行函数调用时，主调函数将赋给这些形参实际的值。形参既然是变量，必须在形式参数表列中给出形参的类型说明（每一个形参要单独定义）。

例如，定义一个函数用来求 x^n，可写为：

```
float power( float x, int n)
{
int i;
  float t=1;
  for(i=1;i<=n;i++)
  t = t * x;
  return t;
}
```

第 1 行说明 power()函数是一个实型函数，其返回的函数值是一个实数。形参 x 为实型变量，n 为整型变量。x、n 的具体值是由主调函数在调用时传送过来的。在 {} 中的函数体内，定义整型变量 i，实型变量 t，这是声明部分。语句部分通过循环语句求出 x^n，然后把值返回主调函数中。在 power()函数体中的 return 语句是把 t 的值作为函数的值返回给主调函数。有返回值的函数中至少应该有一个 return 语句。

在 C 程序中，一个函数的定义可以放在任意位置，既可以放在 main()主函数之前，也可放在 main()主函数之后。

【例 7-1】定义一个函数用来求两个数的最大值，代码如下：

```
#include<stdio.h>
```

```
int max(int a,int b)              //函数的定义
{
if (a>b) return a;
else    return b;
}
main()
{
int max(int a,int b);            //函数的声明
int x,y,z;
printf ("请输入两个要比较的数:\n");
scanf("%d%d",&x,&y);
z=max(x,y);                       //函数的调用
printf ("最大值是%d\n",z);
}
```

运行结果为:

```
请输入两个要比较的数:
12  34
最大值是 34
```

现在可以从函数定义、函数声明及函数调用的角度来分析整个程序,进一步了解函数的特点。

程序的第 2 行至第 6 行为 max()函数的定义。进入 main()主函数后,因为准备调用 max()函数,所以先对 max()函数进行说明(第 9 行)。函数定义和函数说明并不是一回事,在后面章节中我们还要专门讨论。在本程序中,我们可以看出,函数说明与函数定义中的函数头部分相同,但是末尾要添加分号。程序第 13 行为调用 max()函数,并把 x、y 的值传送给 max()函数的形参 a、b。max()函数执行的结果(a 或 b)将返回给变量 z。最后由 main()主函数输出 z 的值。

max()函数的定义也可以放在 main()主函数之后,修改后的程序如下:

```
#include<stdio.h>
main()
{
int max(int a,int b);     //函数的声明
int x,y,z;
printf ("请输入两个要比较的数:\n");
scanf("%d%d",&x,&y);
z=max(x,y);                    //函数的调用
printf ("最大值是%d\n",z);
}
int max(int a,int b)     //函数的定义
{
if (a>b) return a;
else    return b;
}
```

本程序的运行结果与上面程序的运行结果一致。

7.3 函数的参数和函数的值

7.3.1 形参和实参

前文已经介绍过，函数的参数分为形参和实参两种。在本小节中，进一步介绍形参、实参的特点和两者的关系。形参出现在函数定义中函数名后面的括号中，在整个函数体内都可以使用，离开该函数就不能使用。实参出现在主调函数中调用该函数的函数名后面的括号中，进入被调函数后，实参变量也不能使用。形参和实参的功能是进行数据传送。当发生函数调用时，主调函数把实参的值传送给被调函数的形参从而实现主调函数向被调函数的数据传送。

函数的形参和实参具有以下 4 个特点。

（1）形参变量只有在函数调用时才会分配内存单元，在函数调用结束时，即刻释放所分配的内存单元。因此，形参只有在函数内部有效。函数调用结束返回主调函数后就不能再使用该形参变量了。

（2）实参可以是常量、变量、表达式、函数调用等，无论实参是何种类型的量，在进行函数调用时，它们都必须具有确定的值，以便把这些值传送给形参。因此应该预先使用赋值、输入函数等方法使实参获得确定值。

（3）实参和形参在数量上、类型上、顺序上要严格一致，否则会发生类型不匹配的错误。

（4）函数调用中发生的数据传送是单向的。即只能把实参的值传送给形参，而不能把形参的值反向地传送给实参。因此，在函数调用过程中，形参的值发生改变，并不会改变主调函数中实参的值。

【例 7-2】定义一个函数实现两个数的交换，代码如下：

```c
#include <stdio.h>
int swap(int a,int b)
{   int temp;
    temp=a; a=b; b=temp;
    printf("a=%d,\tb=%d\n",a,b);
}
main()
{   int swap(int a,int b);
    int x=7,y=11;
    printf("x=%d,\ty=%d\n",x,y);
    printf("swapped:\n");
    swap(x,y);
    printf("x=%d,\ty=%d\n",x,y);
}
```

运行结果为：

```
x=7,    y=11
swapped:
a=11,   b=7
x=7,    y=11
```

main()主函数调用 swap()函数将实参 x、y 的值传递给形参 a、b，swap()函数利用中间变量 temp 将形参 a、b 的值进行交换，a 的值为 11，b 的值为 7。函数调用后，main()主函数输出 x、y 的值，我们可以看到仍然是 7、11，没有发生任何变化。通过运行结果可以看出，形参值的改变并不会改变主调函数中实参的值。

程序运行过程中各个变量的变化如图 7-2 所示。

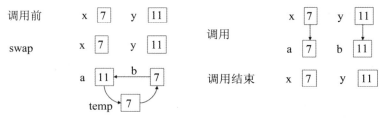

图 7-2 程序运行过程中各个变量的变化

7.3.2 函数的返回值

函数的返回值是指函数被调用后，执行函数体中的程序段所取得的并返回给主调函数的值。例如，调用平方根函数取得平方根，调用例 7-1 中的 max() 函数取得的最大值等。对函数的返回值有以下一些说明。

（1）函数的值只能通过 return 语句返回主调函数。

return 语句的语法格式如下：

```
return 表达式;
```

或者：

```
return (表达式);
```

return 语句的功能是使程序控制从被调用函数返回主调函数中，同时把表达式的值返回给主调函数。在函数中允许有多条 return 语句，但每次函数调用只能有一个 return 语句被执行，因此只能返回一个函数值。

return 语句可以使用于无返回值的函数。只是将程序控制从被调用函数返回主调函数中，并不会返回任何值。

（2）函数返回值的类型和函数定义中函数的类型应该保持一致。如果两者不一致，则以函数类型为准，自动进行类型转换。

【例 7-3】函数返回值的类型与函数定义中函数的类型不同，代码如下：

```
#include<stdio.h>
int max(float x,float y )
 {    float z;
     z=x>y?x:y;
     return(z);
 }
main()
{  float a,b,c;
   scanf("%f,%f",&a,&b);
   c=max(a,b);
   printf("Max is %f\n",c);
}
```

运行结果为：

```
1.23,6.78
```

```
Max is 6.000000
```

main()主函数中的变量 a、b、c 与 max()函数中的变量 x、y 都定义为 float 型，max()函数定义为 int 型。输入 1.23、6.78，求出最大值 6.78。由于返回值类型与函数类型不一致，因此以函数类型为准，自动进行类型转换，得到整数 6。所以在 main()主函数中输出结果为6.0，而不是 6.78。

（3）在函数定义时如果省略函数类型，则函数返回值为整型。为了使程序具有良好的可读性并减少出错，即使函数类型为整型，也不要使用系统的缺省处理。

（4）如果被调用函数中没有 return 语句，并不带回一个确定的、用户所希望得到的函数值，但实际上，函数并不是不带回值，而只是不带回有用的值，带回的是一个不确定的值。

（5）不返回函数值的函数，可以明确定义为"空类型"，类型说明符为"void"，如例 7.2中 swap()函数并不向 main()主函数返回函数值，因此可定义为：

```
void swap(int a,int b)
{ …
}
```

一旦函数被定义为空类型后，就不能在主调函数中使用被调函数的函数返回值了。例如，在定义 swap()函数为空类型后，在 main()主函数中出现下述语句

```
sum= swap(x,y);
```

就是错误的。

为了使程序有良好的可读性并减少出错，凡不要求返回值的函数都应定义为空类型。

7.4　函数的调用

7.4.1　函数调用的语法格式

函数调用就是主调函数通过数据传递来使用被调函数的功能，数据传递是通过实参与形参来完成的，其过程与其他语言的子程序调用相似。

函数调用的语法格式如下：

```
函数名(『实参表列』)
```

如果调用的是无参函数，则没有实参表列，但一对圆括号不能少。如果实参表列中包含多个实参，则参数之间用逗号分隔。实参和形参的个数应相等、类型一致，并按顺序一一对应传递数据。实参表列中的参数可以是常量、变量或其他构造类型数据及表达式。

7.4.2　函数调用的方式

在 C 语言中，用户可以使用以下几种方式调用函数。

（1）函数语句：函数调用的一般形式加上分号即可构成函数语句。例如，"printstar();""printf("Hello,World!\n");"都是以函数语句的方式调用函数。

（2）函数表达式：函数调用作为表达式中的一项出现在表达式中，以函数返回值参与表达式的运算。这种方式要求函数必须有返回值。例如，"z=max(x,y);"是一个赋值表达式，

把 max()函数的返回值赋给变量 z。

（3）函数实参：函数调用作为另一个函数调用的实际参数出现。这种情况是把该函数的返回值作为实参进行传送，因此要求该函数必须有返回值。例如，"printf("%d",max(x,y));"把 max()函数调用的返回值作为 printf()函数的实参来使用。在函数调用中还应该注意求值顺序的问题。所谓求值顺序是指对实参表列中的实参是自左向右求值，还是自右向左求值。对此，各系统的规定不一定相同。Visual C++ 6.0 是自右向左求值。

例如：

```
int i=8;
printf ("%d, %d\n", i , ++i);
```

按照自右向左的顺序求值，运行结果应为：

```
9,9
```

按照自左向右的顺序求值，运行结果应为：

```
8,9
```

需要注意的是，无论是自左向右求值，还是自右向左求值，其输出顺序都是不变的，即输出顺序总是和实参表列中实参的顺序相同。

【例 7-4】函数调用的方式，代码如下：

```
#include<stdio.h>
int max(int a,int b)
{ int y;
  y=(a>b)?a:b;
  return y;
}
void main()
{ int x,y,z,m;
 scanf("%d,%d,%d",&x,&y,&z);
 m=max(x,y);
 printf("max=%d\n",max(m,z));
}
```

运行结果为：

```
1,6,3
max=6
```

在上面程序中，"scanf("%d,%d,%d",&x,&y,&z);"是函数语句的调用方式，"m=max(x,y);"是函数表达式的调用方式，"printf("max=%d\n",max(m,z));"是函数实参的调用方式。

7.4.3　函数的声明

要完成函数调用，被调用函数必须满足以下条件。

（1）必须是已存在的函数，也就是函数已有完整的定义。

（2）在函数调用之前必须有相应的函数声明。如果是系统定义的库函数，则需要将包含函数原型声明的头文件包含进来。例如，我们经常用到的各种数学函数在调用之前要包含头文件 math.h。如果是用户自定义的函数，则需要在调用之前加上函数声明。

在主调函数中对被调函数进行声明的目的是使编译系统知道被调函数参数的个数、类型、返回值的类型，以便在主调函数中对函数调用进行相应的检查。

函数声明的语法格式如下：

```
类型说明符被调函数名（类型 形参,类型 形参…）;    //函数的首部
```

或者：

```
类型说明符被调函数名（类型,类型…）;             //系统不检查形参名
```

在例 7-1 中，main()主函数对 max()函数的声明为：

```
int max(int a,int b);
```

也可写为：

```
int max(int,int);
```

> **说明：**
> （1）函数声明应该与该函数定义的函数类型、名称、形参的个数、类型、次序一致。
> （2）如果没有函数声明，则系统把第一次遇到的函数形式（定义或调用）作为函数的声明，函数类型定义为 int 型。

将例 7-1 修改后，max()函数的定义放在 main()主函数之后，如果没有函数声明，则系统会把第一次函数调用作为函数的声明。声明形式为"int max();"，我们注意到这个函数声明中是没有形参的，也就意味着系统在函数调用时不会检查实参的个数和类型。max()函数调用写成"max();""max(1);""max(1,2);""max(1,2,3);"这几种形式系统都不会提示错误，但是运行结果可能就不是我们所想要的了。

C 语言又规定在以下几种情况时可以省略主调函数中对被调函数的函数声明。

（1）当被调函数的函数定义出现在主调函数之前时，在主调函数中也可以不对被调函数再进行声明而直接调用。例如，例 7-1 中，max()函数的定义放在 main()主函数之前，因此，用户可以在 main()主函数中省略对 max()函数的函数声明"int max(int a,int b);"。

（2）如果在所有函数定义之前，在函数外预先声明了各个函数的类型，则在以后的各主调函数中，可以不再对被调函数进行声明。例如：

```
char str(int a);
float f(float b);
main()
{
 …
}
char str(int a)
{
 …
}
float f(float b)
{
 …
}
```

其中，第 1 行、第 2 行对 str()函数和 f()函数预先进行了声明。因此，在以后各函数中无须对 str()和 f()函数再进行声明就可以直接调用。

（3）对库函数的调用不需要再进行声明，但必须把该函数的头文件使用 include 命令包含在源文件前面。

注意:
一定要注意函数定义、函数调用、函数声明三者的区别。

7.5 函数的嵌套调用

C 语言不允许函数的嵌套定义。因此各函数之间是平行的,不存在上一级函数和下一级函数的问题。但是 C 语言允许函数的嵌套调用。函数的嵌套调用是指在执行被调用函数时,被调用函数又调用了其他函数。这与其他语言的子程序嵌套调用的情形是类似的,其示意图如图 7-3 所示。

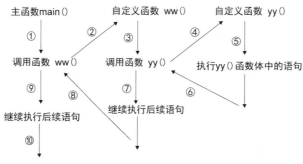

图 7-3 函数的嵌套调用示意图

图 7-3 表示了两层嵌套的情形。其执行过程是:在执行 main()主函数中调用 ww()函数的语句时,转去执行 ww()函数,在 ww()函数中调用 yy()函数时,又转去执行 yy()函数,yy()函数执行完毕返回 ww()函数的调用处继续向下执行,ww()函数执行完毕返回 main()主函数的调用处继续向下执行到结束。

【例 7-5】求两个数的阶乘之和。

解题思路:本题需要编写两个函数,一个是用来求阶乘之和的 sum()函数,另一个是用来计算阶乘值的 factorial()函数。main()主函数是通过调用 sum()函数计算阶乘之和,而在 sum()函数中分别以两个整数为实参,调用 factorial()函数计算各自阶乘值,然后返回 sum()函数求出两个数的阶乘之和,再返回 main()主函数。

代码如下:

```
#include <stdio.h>
long sum(int a, int b);      //在 main()主函数外声明 sum()函数
long factorial(int n);       //在 main()主函数外声明 factorial()函数
main()
{ int n1,n2,a;
  scanf("%d,%d",&n1,&n2);
  a=sum(n1,n2);              //调用之前无须再声明 sum()函数
  printf("a=%d\n",a);
}
long sum(int a,int b)
{ int c1,c2;
  c1=factorial(a);
```

```
    c2=factorial(b);
    return(c1+c2);
}
long factorial(int n)
{ int rtn=1;
    int i;
    for(i=1;i<=n;i++)
    rtn*=i;
    return(rtn);
}
```

运行结果为：

```
4,5
a=144
```

在上面程序中，sum()函数和 factorial()函数在所有函数之前进行了声明，当 main()主函数调用 sum()函数时就无须再次声明。sum()函数中以 a 和 b 为实参两次调用 factorial()函数。factorial()函数用来求阶乘，a 的值为 4，调用 factorial()函数得到 4!=24，b 的值为 5，调用 factorial()函数得到 5! =120，返回 sum()函数求出 4! +5! =144，返回 main()主函数输出阶乘之和。

7.6 函数的递归调用

函数的递归调用是指一个函数在它的函数体内，直接或间接地调用它自身。

C 语言允许函数的递归调用。在递归调用中，调用函数又是被调用函数，执行递归函数将反复调用其自身。每调用一次就进入新的一层。

例如，直接调用自身，代码如下：

```
int  f(int x)
{   int y,z;
     …
     z=f(y);
     …
     return(2*z);
}
```

这个函数是一个递归函数。但是运行该函数将无休止地调用其自身，这当然是错误的。

例如，间接调用自身，代码如下：

```
int  f1(int x)
{   int y,z;
     …
     z=f2(y);
     …
     return(2*z);
}
int  f2(int t)
{ int a,c;
     …
     c=f1(a);
     …
     return(3+c);
}
```

f1()和 f2()两个函数并没有直接调用自身，而是通过另一个函数间接调用了自身，也是一个死循环。

为了防止递归调用无终止地进行，必须在函数内有终止递归调用的手段。常用的方法是添加条件判断语句，满足某种条件后就不再进行递归调用，然后逐层返回，这就是递归的出口。

【例 7-6】利用递归法计算 n!。

利用递归法计算 n!可以用以下公式表示：

$$\begin{cases} n! = 1 & (n = 0,1) \\ n \times (n-1)! & (n > 1) \end{cases}$$

按公式编写如下代码：

```
#include <stdio.h>
int factorial(int n)
{
    int f;
    if(n<0) printf("n<0,input error");
    else if(n==0||n==1) f=1;
    else f=factorial(n-1)*n;
    return(f);
}
main()
{
    int n,y;
    printf("\n input a integer number:\n");
    scanf("%d",&n);
    y=factorial(n);
    printf("%d!=%d\n",n,y);
}
```

运行结果为：

```
input a integer number:
5
5!=120
```

上面程序中给出的 factorial()函数是一个递归函数。main()主函数调用 y=factorial(n)语句后即进入 factorial()函数执行，如果 n<0，n==0 或 n==1 时都将结束函数的执行，否则递归调用 factorial()函数自身。由于每次递归调用的实参为 n-1，即把 n-1 的值赋给形参 n，当 n-1 的值为 1 时再进行递归调用，当形参 n 的值也为 1 时，将停止递归调用，然后可逐层返回。

下面我们再举例说明该过程。执行本程序时先输入数据 5，即求 5!。在 main()主函数中的调用语句即为 y=factorial(5)，进入 factorial()函数后，由于 n=5，不等于 0 或 1，所以执行 f=factorial(n-1)*n 语句，即 f=factorial(5-1)*5，该语句对 factorial()函数进行递归调用，即 factorial(4)。

进行 4 次递归调用后，factorial()函数形参取得的值变为 1，因此不再继续递归调用而开始逐层返回主调函数。factorial(1)函数的返回值为 1，factorial(2)函数的返回值为 1×2=2，factorial(3)函数的返回值为 2×3=6，factorial(4)函数的返回值为 6×4=24，最后 factorial(5)函数的返回值为 24×5=120。

n!函数递归调用执行过程如图 7-4 所示。

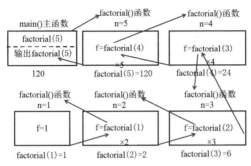

图 7-4　n!函数递归调用的执行过程

例 7-6 也可以使用递推法求 n!，即从 1 开始乘以 2，再乘以 3，…，直到 n。递推法比递归法更容易理解和实现。但是有些问题只能使用递归法才能实现，典型的问题是 Hanoi 塔问题。

【例 7-7】　Hanoi（汉诺）塔问题。

这是一个古典数学问题，是一个只有使用递归方法（不可能使用其他方法）才能解决的问题。问题是这样的：古代有一个梵塔，塔内有 3 个座 A、B、C，开始时 A 座上有 64 个盘子，盘子大小不等，大盘在下，小盘在上。有一个老和尚想把 64 个盘子从 A 座移到 C 座，但规定每次只允许移动一个盘，且在移动过程中在 3 个座上都始终保持大盘在下，小盘在上。在移动过程中可以利用 B 座。要求编写程序输出移动一个盘子的步骤。

解题思路：设 A 座上有 n 个盘子。

如果 n=1，则将圆盘从 A 座上直接移动到 C 座上。

如果 n=2，则：

（1）将 A 座上的 n-1（等于 1）个圆盘移动到 B 座上。

（2）再将 A 座上的一个圆盘移动到 C 座上。

（3）最后将 B 座上的 n-1（等于 1）个圆盘移动到 C 座上。

如果 n=3，则：

（1）将 A 座上的 n-1（等于 2，令其为 n'）个圆盘移动到 B 座（借助于 C 座），步骤如下。

● 将 A 座上的 n'-1（等于 1）个圆盘移动到 C 座上。

● 将 A 座上的一个圆盘移动到 B 座上。

● 将 C 座上的 n'-1（等于 1）个圆盘移动到 B 座上。

（2）将 A 座上的一个圆盘移动到 C 座上。

（3）将 B 座上的 n-1（等于 2，令其为 n'）个圆盘移动到 C 座（借助 A 座），步骤如下。

● 将 B 座上的 n'-1（等于 1）个圆盘移动到 A 座上。

● 将 B 座上的一个盘子移动到 C 座上。

● 将 A 座上的 n'-1（等于 1）个圆盘移动到 C 座上。

至此，完成了 3 个圆盘的移动过程。

从上面分析可以看出，当 n≥2 时，移动的过程可以分解为 3 个步骤。

第一步，把 A 座上的 n-1 个圆盘移动到 B 座上。

第二步，把 A 座上的一个圆盘移动到 C 座上。

第三步，把 B 座上的 n-1 个圆盘移动到 C 座上；其中第一步和第三步是类同的。

当 n=3 时，第一步和第三步又可以分解为类同的三步，即把 n-1 个圆盘从一个座移动到另一个座上，这里的 n=n-1。显然这是一个递归过程，根据此算法可编写如下代码：

```c
#include<stdio.h>
move(int n,int x,int y,int z)
{
    if(n==1)
      printf("%c-->%c\n",x,z);
    else
    {
      move(n-1,x,z,y);
      printf("%c-->%c\n",x,z);
      move(n-1,y,x,z);
    }
}
main()
{
    int h;
    printf("\ninput number:\n");
    scanf("%d",&h);
    printf("the step to moving %2d diskes:\n",h);
    move(h,'a','b','c');
}
```

从上面程序中可以看出，move()函数是一个递归函数，它有 4 个形参 n、x、y、z。n 表示圆盘数量，x、y、z 分别表示 3 个座。move()函数的功能是把 x 上的 n 个圆盘移动到 z 上。当 n==1 时，直接把 x 上的圆盘移动到 z 上，输出 x→z。如果 n!=1 则分为 3 个步骤：递归调用 move()函数，把 n-1 个圆盘从 x 上移动到 y 上；输出 x→z；递归调用 move()函数，把 n-1 个圆盘从 y 上移动到 z 上。在递归调用过程中 n=n-1，因此 n 的值逐次递减，最后当 n=1 时，停止递归调用，逐层返回。当 n=4 时程序运行的结果为：

```
input number:
4
the step to moving 4 diskes:
a→b
a→c
b→c
a→b
c→a
c→b
a→b
a→c
b→c
b→a
c→a
b→c
a→b
a→c
b→c
```

7.7 数组作为函数的参数

数组可以作为函数的参数使用，进行数据传送。数组用作函数参数有两种形式：一种是把数组元素作为实参使用；另一种是把数组名作为函数的形参和实参使用。

7.7.1 数组元素作为函数实参

数组元素与普通变量并无区别。因此它作为函数实参使用与普通变量使用是完全相同的，在发生函数调用时，把作为实参的数组元素的值传送给形参，可以实现单向的值传送。

【例 7-8】a 和 b 为有 10 个元素的整型数组，比较两个数组对应元素，通过变量 n、m、k 记录 a[i]>b[i]、a[i]==b[i]、a[i]<b[i]的个数。如果 n>k，则认为数组 a 大于数组 b；如果 n<k，则认为数组 a 小于数组 b；如果 n==k，则认为数组 a 等于数组 b，代码如下：

```c
#include<stdio.h>
int large(int x,int y)
{  int flag;
   if(x>y)  flag=1;
   else if(x<y) flag=-1;
   else flag=0;
   return(flag);
}
main()
{   int a[10],b[10],i,n=0,m=0,k=0;
    printf("Enter array a:\n");
    for(i=0;i<10;i++)
      scanf("%d",&a[i]);
    printf("Enter array b:\n");
    for(i=0;i<10;i++)
      scanf("%d",&b[i]);
    for(i=0;i<10;i++)
    {   if(large(a[i],b[i])==1)  n=n+1;
        else if(large(a[i],b[i])==0)  m=m+1;
        else k=k+1;
    }
    if(n>k) printf("数组 a 大于数组 b\n");
    else if(n<k) printf("数组 a 小于数组 b\n");
    else printf("数组 a 等于数组 b\n");
}
```

运行结果为：

```
Enter array a:
125  4  243  76  54  3  43  2  3  78
Enter array b:
43  2  65  6  45  23  67  89  344  56
数组 a 大于数组 b
```

上面的程序在调用 large()函数时是以数组的元素作为实参的，而 large()函数的形参就是普通的整型变量，当发生函数调用时，把实参数组元素的值传递给对应的形参，求出两个数的大小关系，这与普通变量作为实参是一致的。

7.7.2 数组名作为函数的参数

使用数组名作为函数参数与使用数组元素作为实参有以下几点不同。

（1）当使用数组元素作为实参时是按普通变量对待的。当使用数组名作函数参数时，要求形参和相对应的实参都必须是类型相同的数组，且必须有明确的数组说明。当形参和实参两者不一致时，程序会发生错误。

（2）当普通变量或数组元素作为函数参数时，形参变量和实参变量是由编译系统分配的两个不同的内存单元。当函数调用时是把实参变量的值赋给形参变量。在使用数组名作为函数参数时，不是进行值的传送，即不是把实参数组的每一个元素的值都赋给形参数组的各个元素。数组名就是数组的首地址。因此，当数组名作为函数参数时所进行的传送只是地址的传送。也就是说，把实参数组的首地址赋给形参数组名。形参数组名取得该首地址之后，与实参数组共同拥有一段内存空间。

【例 7-9】将数组名作为函数参数，代码如下：

```
#include<stdio.h>
float average(float array[],int n)
{   int i;
    float aver,sum=array[0];
    for(i=1;i<n;i++)
        sum=sum+array[i];
    aver=sum/n;
    return(aver);
}
 main()
{   float score_1[5]={98.5,97,91.5,60,55};
    float score_2[10]={67.5,89.5,69.5,99,77,89.5,76.5,54,60,99.5};
    printf("The average of class A is %6.2f\n",average(score_1,5));
    printf("The average of class B is %6.2f\n",average(score_2,10));
}
```

运行结果为：

```
The average of class A is  80.40
The average of class B is  78.20
```

在上面程序中，average()函数有 2 个形参：一个是数组名，另一个是变量 n 用来传递元素个数。函数体用来求形参组 n 个元素的平均值。main()主函数定义了两个实参数组 score_1 和 score_2，元素个数分别为 5 和 10。从运行结果来看，两次调用 average()函数得到的平均值就是两个实参数组的平均值，说明实参数组和形参数组内容是相同的。

我们在前文已经讨论过，当变量作函数参数时，所进行的值传送是单向的。即只能从实参传向形参，而不能从形参传向实参。形参的初值和实参的初值相同，而形参的值发生改变后，实参并不会发生变化，两者的终值是不同的。而当使用数组名作为函数参数时，情况就不同了。由于实际上形参和实参为同一数组，当形参数组发生变化时，实参数组也随之发生变化。当然这种情况不能理解为发生了"双向"的值传递。

【例 7-10】将数组名作为函数参数，代码如下：

```
#include <stdio.h>
void swap(int x[])
```

```
{   int z;
    z=x[0];
    x[0]=x[1];
    x[1]=z;
}
main()
{   int a[2]={1,2};
    swap(a);
    printf("a[0]=%d\na[1]=%d\n",a[0],a[1]);
}
```

运行结果为：

```
a[0]=2
a[1]=1
```

通过上面程序的运行结果可以看到，在 swap() 函数中形参数组的两个元素发生了变化，而实参数组也随之发生了变化。

【例 7-11】将二维数组名作为函数参数，代码如下：

```
#include <stdio.h>
get_sum_row(int  x[][3], int  result[] ,int  row, int  col)
{   int i,j;
    for(i=0;i<row;i++)
    {       result[i]=0;
        for(j=0;j<col;j++)
        result[i]+=x[i][j];
    }
}
main()
{   int a[2][3]={3,6,9,1,4,7};
    int sum_row[2],row=2,col=3,i;
    get_sum_row(a,sum_row,row,col);
    for(i=0;i<row;i++)
      printf("The sum of row[%d]=%d\n",i+1,sum_row[i]);
}
```

运行结果为：

```
The sum of row[1]=18
The sum of row[2]=12
```

7.8 局部变量和全局变量

在讨论函数的形参变量时曾经提到，形参变量只在函数被调用期间才会分配内存空间，函数调用结束立即释放内存空间。这一点表明形参变量只有在函数内才是有效的，离开该函数就不能再使用了。变量能够被使用的范围或变量能起作用的范围称为变量的作用域。不仅对于形参变量，C 语言中所有的变量都有自己的作用域。变量声明的方式不同，其作用域也不同。C 语言中的变量，按作用域范围可以分为局部变量和全局变量两种。

7.8.1 局部变量

在一个函数的内部定义的变量就是局部变量（又称为内部变量），它只在本函数范围内有效。也就是说，只能在本函数内使用，在本函数的外面是不能使用的，因此称它为局部变量。局部变量就是在函数的内部定义的变量。

例如：

```
int f1(int a)              /f1()函数
   {  int b,c;
     …
   }                       //a、b、c作用域仅限于f1()函数中
int f2(int x ,int y)       //f2()函数
   {  int z;
 …
   }                       //x、y、z作用域仅限于f2()函数中
main()
   {  int m,n;
     …
   }                       //m、n作用域仅限于main()主函数中
```

在 f1() 函数内定义了 3 个变量，a 是形参，b、c 是一般变量。在 f1() 函数的范围内 a、b、c 有效，或者说 a、b、c 变量的作用域仅限于 f1() 函数内。同理，x、y、z 的作用域仅限于 f2() 函数内。m、n 的作用域仅限于 main() 主函数内。关于局部变量的作用域还要说明以下几点。

（1）在 main() 主函数中定义的变量也只能在 main() 主函数中使用，不能在其他函数中使用。同时，main() 主函数中也不能使用其他函数中定义的变量。因为 main() 主函数也是一个函数，它与其他函数是平行关系。这一点是与其他语言不同的，应予以注意。

（2）形参变量属于被调函数的局部变量，实参变量属于主调函数的局部变量。

（3）在不同的函数中可以使用相同名字的变量，它们表示不同的对象，互不影响，均为局部变量，仅在它所在的函数中有效。

（4）在一个函数的内部，可以在复合语句中定义变量，这些变量只在本复合语句内有效，而且它可以和复合语句外的变量同名，互不影响。

【例 7-12】局部变量的应用，代码如下：

```
#include <stdio.h>
main()
{
   int i=2,j=3,k;
   k=i+j;
   {
     int k=8;
     printf("%d\n",k);
   }
   printf("%d\n",k);
}
```

上面的程序在 main() 主函数中定义了 i、j、k 三个变量，k 的值是 i 加 j 的和等于 5。而在复合语句内又定义了一个变量 k，并赋初值为 8。要注意这两个 k 并不是同一个变量。在复合语句外由 main() 主函数定义的 k 起作用，而在复合语句内由在复合语句内定义的 k 起作

用。第 8 行输出 k 的值，该行在复合语句内，由复合语句内定义的 k 起作用，因此输出值为
8。第 10 行输出 k 的值已在复合语句之外，输出的 k 的值应该为 main()主函数所定义的 k 的
值，因此输出值为 5。

7.8.2　全局变量

一个源程序文件可以有若干个函数，在函数内定义的变量是局部变量，而在一个源程序
文件中所有函数之外定义的变量称为外部变量，外部变量是全局变量（也称为全程变量）。
全局变量可以被本源程序文件中的多个函数共用，它的有效范围是从定义变量的位置开始到
本源程序文件结束。在一个函数中既可以使用本函数中的局部变量，也可以使用有效的全局
变量。

例如：

```
int  p=1,q=5;
float  f1(int a)
{  int b,c;
   …
}
int   f3()
{…
}
char c1,c2;
char f2(int x,int y)
{  int i,j;
   …
}
main()
{  int m,n;
   …
}
```

从上面程序可以看出，p、q、c1、c2 都是在函数外部定义的外部变量，即都是全局变
量。但 c1、c2 定义在 f2()函数之前，f1()函数和 f3()函数之后，所以它们在 f1()函数、f3()函
数内无效，在 f2()函数和 main()主函数内有效。p、q 定义在源程序文件最前面，因此，在 f1()
函数、f2()函数、f3()函数及 main()主函数内不加说明也可使用。

【例 7-13】全局变量的应用，代码如下：

```
#include <stdio.h>
int a,b;  //a、b 为全局变量
void f1( )
{ int t1,t2;
   t1 = a * 2;
   t2 = b * 3;
   b = 100;
   printf ("t1=%d,t2=%d\n", t1, t2);
}
main()
{ a=2; b=4;
  f1( );
  printf ("a=%d,b=%d\n", a, b);
}
```

运行结果为：

```
t1=4,t2=12
a=2,b=100
```

上面程序中定义的全局变量 a、b 可以在 f1()函数和 main()主函数中使用。main()主函数对变量 a、b 分别赋值为 2、4，调用 f1()函数，计算出 t1、t2 的值为 4、12，变量 b 赋值为 100。所以 main()主函数输出变量 a、b 的值为 2、100。

> **说明：**
> （1）全局变量增加了函数之间数据联系的渠道。为了区分全局变量和局部变量，C 程序设计人员有一个不成文的约定：将全局变量名的首字母采用大写字母表示。
> （2）在同一个源程序文件中，如果全局变量与局部变量同名，则在局部变量的作用范围内，全局变量不起作用，也就是说，此时的全局变量被同名的局部变量屏蔽。

【例 7-14】 全局变量和局部变量同名的应用，代码如下：

```c
#include <stdio.h>
int a=2; b=4;
void f1( )
{ int t1,t2;
  t1 = a * 2;
  t2 = b * 3;
  b = 100;
  printf ("t1=%d,t2=%d\n", t1, t2);
}
main()
{ int b=5;
  f1( );
  printf ("a=%d,b=%d\n", a, b);
}
```

运行结果为：

```
t1=4,t2=12
a=2,b=5
```

例 7-14 是在例 7-13 基础上变化来的，全局变量 a、b 分别赋初值为 2、4，main()主函数中定义局部变量 b，其初值为 5，与全局变量同名。f1()函数中用到的是全局变量 a、b，所以 t1、t2 的值仍为 4、12。在 main()主函数中输出全局变量 a、b 的值时，全局变量 b 被同名的局部变量屏蔽，所以输出 5。

建议不在必要时不要使用全局变量，因为全局变量会给程序设计带来诸多弊端：第一，在程序执行过程中始终占用存储空间，而不是根据需要分配，从而降低了存储空间的利用率。第二，降低程序的清晰性，让人难以判断每个瞬间各外部变量的值。第三，降低了函数的通用性和可靠性。如果函数在执行时要依赖外部变量，当以后将此函数移到另一个文件时，就要连同它的外部变量也随之移动；如果该变量和其他文件中的变量同名，就会出现问题。

7.9 变量的存储类型

7.9.1 静态存储方式与动态存储方式

从变量的作用域（空间）角度来分，可以分为全局变量和局部变量。

从变量值存在的时间（生存期）角度来分，可以分为静态存储方式和动态存储方式。

静态存储方式是指在程序运行期间分配固定的存储空间的方式。

动态存储方式是在程序运行期间根据需要进行动态的分配存储空间的方式。

用户存储空间可以分为以下 3 部分。

（1）程序区。

（2）静态存储区。

（3）动态存储区。

全局变量全部存放在静态存储区，在程序开始执行时给全局变量分配存储区，程序执行完毕就释放。在程序执行过程中它们占据固定的存储空间，而不动态地进行分配和释放。

动态存储区存放以下数据。

（1）函数形式参数。

（2）自动变量（未添加 static 声明的局部变量）。

（3）函数调用时的现场保护和返回地址。

对以上这些数据，在函数开始调用时分配动态存储空间，函数结束时释放这些动态存储空间。

每一个变量和函数都有两个属性：数据类型和数据的存储类别。数据的存储类别表示数据在内存中存储的方式，存储方式可以分为静态存储类和动态存储类两大类。具体包括自动变量（auto）、局部变量（static）、寄存器变量（register）和外部变量（extern）。

完整的变量定义的语法格式如下：

『存储类别』 数据类型 变量名 1『,变量名 2,…,变量名 n』;

7.9.2 auto 变量

在函数中定义的内部变量，如果不专门声明为 static 存储类别，则其存储类别默认都是自动变量（auto），数据存储在动态存储区中。函数的形参和函数中定义的变量都属于此类，调用该函数时系统动态地为它分配存储空间，函数调用结束后就释放这些存储空间，因此这类局部变量就被称为自动变量。在定义局部变量时，如果 auto 省略不写，则隐含为自动存储类别，属于动态存储方式。我们在前面程序中定义的许多变量都是自动变量。

例如：

```
int f(int a)            //定义 f()函数，a 为参数
{auto int b,c=3;         //定义 b、c 为自动变量
 …
  }
```

a 是形参，b、c 是自动变量，对 c 赋初值为 3。执行完 f() 函数后，自动释放 a、b、c 所占的存储空间。

7.9.3 使用 static 声明局部变量

有时希望函数中局部变量的值在函数调用结束后不消失而保留原值，即不释放占用的存储空间，这样在下一次该函数又被调用时，就是上一次函数调用结束时的值，在这种情况下就应该将该变量使用关键字 static 声明为静态局部变量。

【例 7-15】观察静态局部变量的值，代码如下：

```
#include <stdio.h>
f(int a)
{auto b=0;
 static c=3;
 b=b+1;
 c=c+1;
 return(a+b+c);
}
main()
{int a=2,i;
 for(i=0;i<3;i++)
 printf("%d\n",f(a));
}
```

运行结果为：

```
7
8
9
```

从上面程序的运行结果可以看出，变量 c 的值在每次函数调用后一直保留，虽然三次调用 f() 函数给的实参是相同的值，但是三次调用返回的值是不同的。

静态局部变量与自动变量的区别。

（1）静态局部变量属于静态存储类别，在静态存储区分配存储空间，在程序整个运行期间都不会释放存储空间。而自动变量属于动态存储类别，在动态存储区分配存储空间，函数调用结束后立即释放存储空间。

（2）静态局部变量是在编译时赋初值的，而且只赋一次初值；而函数中的自动变量调用一次就要赋一次值，以后再次调用时要重新赋值。

（3）如果在定义局部变量时不赋初值，则对静态局部变量来说，编译时自动赋初值 0（数值型变量）或空字符（字符变量）。而对自动变量来说，如果不赋初值，则它的值是一个不确定的值。

> **注意：**
> （1）静态局部变量在函数调用结束后仍存在，但其他函数不能引用它。
> （2）形参定义为静态局部变量，没有意义。
> （3）同全局变量一样，若非必要尽量不使用静态局部变量。

7.9.4 register 变量

在一般情况下，变量（包括静态存储方式和动态存储方式）的值是存放在内存中的。为了提高效率，C 语言允许将局部变量的值存放在 CPU 的寄存器中，这种变量被称为"寄存器变量"，使用关键字 register 进行声明。

例如，使用寄存器变量的应用，代码如下：

```
int fac(int n)
{register int i,f=1;
 for(i=1;i<=n;i++)
f=f*i
 return(f);
}
main()
{int i;
 for(i=0;i<=5;i++)
printf("%d!=%d\n",i,fac(i));
}
```

> 说明：
> （1）只有局部变量和形式参数可以作为寄存器变量。
> （2）一个计算机系统中的寄存器数目有限，不能定义任意多个寄存器变量。
> （3）现在的计算机系统能够识别使用频繁的变量，从而自动地将这些变量存放在寄存器中，而不需要程序员指定。

7.9.5 使用 extern 声明外部变量

外部变量（全局变量）是在函数的外部定义的，它的作用域从变量定义处开始，到本程序文件的末尾。如果外部变量不在程序文件的开头定义，其有效的作用范围只限于定义处到程序文件末尾。如果在定义点之前的函数想引用该外部变量，则应该在引用之前使用关键字 extern 对该变量进行"外部变量声明"。表示该变量是一个已经定义的外部变量。有了此声明，就可以从"声明"处起，合法地使用该外部变量。

【例 7-16】使用 extern 声明外部变量，扩展该变量在程序文件中的作用域，代码如下：

```
#include<stdio.h>
int max(int x,int y)
{int z;
z=x>y?x:y;
return(z);
}
main ()
{ extern A,B;
printf("%d\n" rmax(A,B));
}
int A=13,B=-8;
```

在上面程序中，全局变量 A、B 被定义在程序文件的末尾，max() 函数、main() 主函数都不能使用它们。在 main() 主函数中添加了 "extern A,B;"，声明之后，在 main() 主函数中就可以使用全局变量 A、B 了。

extern 除了可在仅有一个源程序文件的程序内声明外部变量，也可以在包含多个源程序文件的程序中声明外部变量，扩展外部变量的作用范围。只需在其中任意一个文件中定义外部变量，而在其他文件中使用 extern 对其进行外部变量声明即可。

例如，在程序模块 file1.c 中定义了全局变量 int s，另一个程序模块 file2.c 中的 fun1()函数需要使用这个变量 s。在程序模块 file2.c 中的 fun1()函数对 s 进行外部变量说明即可，代码如下：

```
fun1()
{ extern int s ; //表明变量 s 是在其他程序文件中定义的
    … }
```

extern 只用作声明，不能用于定义，而且不能在声明中初始化变量。

如果希望外部变量只限于被本程序文件引用，而不能被其他程序文件引用，可以在定义外部变量时添加一个 static 声明，称为静态外部变量。

> **注意**：对局部变量使用 static 声明，则为该变量分配的存储空间在整个程序执行期间始终存在。如果对全局变量使用 static 声明，则该变量的作用域只限于本程序文件，即只允许本程序文件中的函数引用，不能被其他文件中的函数引用。

如果一个函数只能被它所在程序文件中的其他函数调用，则此函数就称为内部函数。在定义内部函数时，在函数类型标识符的前面加上 static 即可。

其语法格式如下：

```
static 类型标识符 函数名(形参列表){函数体}
```

例如：

```
static float max(float a, float b)  //定义内部函数 max()
{
…
}
```

使用内部函数，可以使该函数只限于它所在的程序文件，即使其他程序文件中有同名的函数也不会相互干扰，因为内部函数不能被其他程序文件中的函数所调用。

如果在一个源程序文件中定义的函数除了可以被本文程序件中的函数调用，还可以被其他程序文件中的函数调用，则这种函数就称为外部函数。在定义函数时，可以在函数首部的最左侧添加关键字 extern，显式表示此函数是外部函数，可供其他程序文件调用。

7.10 程序举例

【例 7-17】输出 11～999 之间的数 m，它满足 m、m^2 和 m^3 均为回文数。

回文数：各位数字左右对称的整数。

例如：11 满足上述条件，11^2=121，11^3=1331。

解题思路：采用除以 10 取余的方法，从最低位开始，依次取出该数的各位数字。按反序重新构成新的数，比较与原数是否相等，如果相等，则原数为回文数。

代码如下：

```
#include <iostream>
using namespace std;
//判断n是否为回文数
bool symm(unsigned n) {
  unsigned i = n;
    unsigned m = 0;
    while (i > 0) {
      m = m * 10 + i % 10;
      i /= 10;
  }
  return m == n;
}
int main() {
    for(unsigned m = 11; m < 1000; m++)
      if (symm(m) && symm(m * m) &&
        symm(m * m * m)) {
      cout << "m = " << m;
      cout << " m * m = " << m * m;
      cout << " m * m * m = "
          << m * m * m << endl;
      }
    return 0;
}
```

运行结果为：

```
m =11
m * m =121
m * m * m =1331
m =101
m * m =10201
m * m * m =1030301
m =111
m * m =12321
m * m * m =1367631
```

【例7-18】利用递归法计算从 n 个人中选择 k 个人组成一个委员会的不同组合数。

解题思路：从 n 个人中选择 k 个人的组合数=从 n-1 个人中选择 k 个人的组合数+从 n-1 个人中选择 k-1 个人的组合数（当 n＝k 或 k＝0 时，组合数为 1）。

代码如下：

```
#include <stdio.h>
int comm(int n, int k)
 {
    if (k > n)
      return 0;
    else if (n == k || k == 0)
      return 1;
    else
      return comm(n - 1, k) + comm(n - 1, k - 1);
}
main()
{
    int comm(int n, int k);
    int n, k;
```

```
        printf( "Please enter two integers n and k:\n");
        scanf("%d%d",&n,&k);
        printf("C(n, k) =%d\n ",comm(n, k));
    }
```

运行结果为：

```
Please enter two integers n and k:
10 5
C(n, k) =252
```

【例 7-19】利用函数嵌套求 3 个数中最大值和最小值的差值。

解题思路：分别定义求最大值、最小值、求差的函数，求差函数中调用最大值、最小值函数进行求差，main()主函数中调用求差函数。

代码如下：

```
#include <stdio.h>
int dif(int x,int y,int z);
int max(int x,int y,int z);
int min(int x,int y,int z);
 main()
 { int a,b,c,d;
    printf("请输入三个整数: \n");
    scanf("%d%d%d",&a,&b,&c);
    d=dif(a,b,c);
    printf("Max-Min=%d\n",d);
 }
int dif(int x,int y,int z)
{ return max(x,y,z)-min(x,y,z); }
int max(int x,int y,int z)
 {   int r;
     r=x>y?x:y;
     return(r>z?r:z);
 }
int min(int x,int y,int z)
 {   int r;
     r=x<y?x:y;
     return(r<z?r:z);
 }
```

运行结果为：

```
请输入三个整数:
23 54 76
Max-Min=53
```

7.11　常见错误

1. 在函数定义后面添了加分号

例如：

```
int f(int a, int b);{ }
```

在编译时，系统将指出错误。函数定义的括号后面不能添加分号，因为这不是一个函数调用。由于语句后面要添加分号，在不注意的情况下，就有可能把所有的行尾都添加了分号。

2. 非整型函数前面没有添加类型标识符

由于整型函数的类型标识符可以省略，而整型函数在 C 语言中的使用又非常频繁，就容易渐渐地忘记非整型函数是要添加类型标识符的。例如，我们写一个求平方根的函数 squ_rt()，不可以写成 squ_rt(float x) {   }。

由于省略类型表示整型，返回时总是给一个整数值，这样 3 的平方根竟然会得 1，而且程序不会有任何有关的语法错误。一个好的习惯是：即使是整型函数也总是明确地写出，这样你就会习惯地给每个函数定义必要的类型。

3. 形参说明写在函数体内

例如：

```
int max (a, b)
{
int a, b;
}
```

这在编译时会产生错误，a、b 是形参，定义时应该要写在括号内，不应该写在花括号内，正确的写法是 int max (int a, int b) 。

4. 调用还未定义的非整型函数时而未添加说明

例如：

```
main()
{
float a,b, c ;
 a = 1.5 ;b = 2*3 ;
c = fadd(a, b);
…
}
float fadd(float x, float y)
{
…
}
```

在编译时系统会指出错误，fadd()是非整型函数，如果先调用后定义，则应该在调用之前说明它的类型，如可以在 main()主函数之前或 main()主函数中说明部分添加 float fadd()。

5. 忽略参数的求值顺序

例如：

```
printf("%d", sub(i,--i));
```

在不同的系统中，sub()函数中参数的求值顺序是不同的，有的是从右向左，有的是从左向右。解决这个问题的办法是避免变量和它自身增减 1 的表达式同时作为一个函数的参数，实际上可以将 printf 写成 printf("%d", sub(i,i-1));这样，无论是从右向左，还是从左向右计算参数值，都能得到希望的结果。

课后习题

一、选择题

1. 如果已定义的函数有返回值，则以下关于该函数调用的叙述错误的是_____。
   A. 函数调用可以作为独立的语句存在 　B. 函数调用可以作为一个函数的实参
   C. 函数调用可以出现在表达式中 　　　D. 函数调用可以作为一个函数的形参

2. 在调用函数时，如果实参是简单的变量，则它与对应形参之间的数据传递方式是_____。
   A. 地址传递
   B. 单向值传递
   C. 由实参传递形参，再由形参传递实参
   D. 传递方式由用户指定

3. 以下叙述正确的是_____。
   A. 在定义函数时，形参的类型说明可以放在函数体内
   B. return 后面的值不能为表达式
   C. 如果函数值的类型与返回值类型不一致，则以函数值类型为准
   D. 如果形参与实参类型不一致，则以实参类型为准

4. 以下叙述正确的是_____。
   A. 如果用户想要调用标准库函数，则调用前必须重新定义
   B. 用户可以重新定义标准库函数，若如此，标准库函数将失去原有含义
   C. 系统不允许用户重新定义标准库函数
   D. 如果用户想要调用标准库函数，调用前不必使用预编译命令将该函数所在文件包括到用户源文件中，系统会自动调用

5. 以下叙述正确的是_____。
   A. 函数可以嵌套定义但不能嵌套调用
   B. 函数既可以嵌套调用也可以嵌套定义
   C. 函数既不可以嵌套定义也不可以嵌套调用
   D. 函数可以嵌套调用但不可以嵌套定义

6. 下面对 C 语言的叙述正确的是_____。
   A. 函数一定有返回值，否则无法使用函数
   B. C 语言函数既可以嵌套定义又可以递归调用
   C. 在 C 语言中，当调用函数时，只能将实参的值传递给形参
   D. 在 C 语言程序中有调用关系的所有函数都必须放在同一个源程序文件中

7. 以下叙述错误的是_____。
   A. 静态局部变量的初值是在编译时赋给的，在程序执行期间不再赋初值
   B. 如果全局变量和某一函数中的局部变量同名，则在该函数中，此全局变量被屏蔽
   C. 静态全局变量可以被其他的编辑单位所引用

D. 所有自动类局部变量的存储单元都是在进入这些局部变量所在的函数体（或复合语句）时生成的，当退出其所在的函数体（或复合语句）时消失

8. 以下程序有语法错误，有关错误原因的正确说法是_____。

```
main()
{ int G=5,k;
void prt_char();
…
k=prt_char(G);
…
 }
```

A. "void prt_char();"语句有错，它是函数调用语句，不能使用 void 说明

B. 变量名不能使用大写字母

C. 函数说明和函数调用语句之间有矛盾

D. 函数名不能使用下画线

9. 以下正确的函数头定义形式是_____。

A. double fun(int x,int y)　　　　B. double fun(int x;int y)

C. double fun(int x,int y);　　　　D. double fun(int x,y);

10. 以下所列的各函数首部中，正确的是_____。

A. void play(var :Integer,var b:Integer)　　B. void play(int a,b)

C. void play(int a,int b)　　　　D. Sub play(a as integer,b as integer)

11. 阅读以下程序，其运行结果是_____。

```
#include "stdio.h"
main()
{ int i,m,n;
for(i=0;i<3;i++)
{ m=test1();
n=test2();
}
printf("%d,%d\n",m,n);
}
test1()
{ int x=0;
x++;
return x;
}
test2()
{ static int x=0;
x++;
return x;
}
```

A. 1,1　　　　B. 1,3　　　　C. 3,1　　　　D. 3,3

12、下面函数调用语句含有实参的个数为_____。

```
func((exp1,exp2),(exp3,exp4,exp5));
```

A. 1　　　　B. 2　　　　C. 4　　　　D. 5

13. 有以下函数：

```
fun (float x)
{ printf("\n%d",x*x);    }
```

函数的类型是_____。

    A．与参数 x 的类型相同   B．void

    C．int 型   D．无法确定

14．有以下程序：

```
float fun(int x,int y)
{ return(x+y);}
main()
{ int a=2,b=5,c=8;
printf("%3.0f\n",fun((int)fun(a+c,b),a-c));
}
```

程序的运行结果是_____。

    A．编译出错   B．9   C．21   D．9.0

15．阅读以下程序，其运行结果是_____。

```
#include "stdio.h"
main()
{ char c;
int i;
char count();
int p(char);
for(i=0;i<30;i++) c=count();
p(c);
}
char count()
{ char str='A';
str+=1;
return(str);
}
p(char c)
{ putchar(c);
putchar('\n');
}
```

    A．A   B．B   C．a   D．b

16．下列程序的运行结果是_____。

```
void func1(int i);
void func2(int i);
char st[]="hello,friend!";
void func1(int i)
{ printf("%c",st[i]);
if(i<3) { i+=2;func2(i);}
}
void func2(int i)
{ printf("%c",st[i]);
if(i<3) { i+=2;func1(i);}
}
main()
{ int i=0; func1(i); printf("\n");
}
```

    A．hello   B．hel   C．hlo   D．hlm

17. 下列函数的功能是返回数组 a 中最大值所在的下标值。

```
fun(int a[],int n)
{ int i,j=0,p;
  p=j;
for(i=j;i<n;i++)
if(a[i]>a[p]) _____;
  return(p);
}
```

上面程序的下画线处应填入的内容是_____。

 A．i=p   B．a[p]=a[i]   C．p=j   D．p=i

18. 有以下程序：

```
int f(int n)
{ if(n==1) return 1;
else return f(n-1)+1;
}
main()
{ int i,j=0;
for(i=1;i<3;i++) j+=f(i);
printf("%d\n",j);
}
```

程序的运行结果是_____。

 A．4   B．3   C．2   D．1

19. 有以下程序：

```
long fib(int n)
{ if(n>2) return(fib(n-1)+fib(n-2));
else return(2);
}
main()
{ printf("%d\n",fib(3));
}
```

程序的运行结果是_____。

 A．2   B．4   C．6   D．8

20. 下列程序的运行结果是_____。

```
main()
{ int i=2,p;
int j,k;
j=i;
k=++i;
p=f(j,k);
printf("%d",p);
}
int f(int a,int b)
{ int c;
if(a>b) c=1;
else if(a==b) c=0;
else c=-1;
return(c);
}
```

 A．-1   B．1   C．2   D．编译出错，无法运行

21. 阅读以下程序，当运行程序时，输入 asd af aa z67，输出结果为_____。

```
#include<stdio.h>
int fun (char str[])
{ int i,j=0;
for(i=0;str[i]!='\0';i++)
if(str[i]!=' ') str[j++]=str[i];
str[j]= '\0';
}
main()
{ char str[81];
int n;
printf("Input a string : ");
gets(str);
puts(str);
fun(str);
printf("%s\n",str);
}
```

    A. asdafaaz67   B. asd af aa z67   C. asd   D. z67

22. 下列程序的运行结果是_____。

```
long fun( int n)
{ long s;
if(n==1||n==2) s=2;
else s=n-fun(n-1);
return s;
}
main()
{ printf("%ld\n", fun(3));
}
```

    A. 1   B. 2   C. 3   D. 4

23. 阅读以下程序，其运行结果是_____。

```
#include "stdio.h"
int f(int a,int b)
{ int c;
if(a>0&&a<10) c=(a+b)/2;
else c=a*b/2;
return c;
}
main()
{ int a=8,b=20,c;
c=f(a,b);
printf("%d\n",c);
}
```

    A. 随机数   B. 80   C. 28   D. 14

24. 下面程序的功能是对两个整型变量的值进行交换。以下叙述正确的是_____。

```
main()
{ int a=10,b=20;
printf("(1)a=%d,b=%d\n",a,b);
swap(&a,&b);
printf("(2)a=%d,b=%d\n",a,b);
}
swap(int p,int q)
{ int t;
```

```
t=p;p=q;q=t;
}
```

　　A．该程序完全正确

　　B．该程序有错，只要将"swap(&a,&b);"语句中的参数改为"a,b"即可

　　C．该程序有错，只要将 swap() 函数中的形参 p、q 及 t 均定义为数组（执行语句不变）
　　　　即可

　　D．以上说法都不对

25．下列程序的运行结果是_____。

```
int f()
{ static int i=0;
int s=1;
s+=i; i++;
return s
}
main()
{ int i,a=0;
for(i=0;i<5;i++) a+=f();
printf("%d\n",a);
}
```

　　A．20　　　　　　　B．24　　　　　　　C．25　　　　　　　D．15

26．阅读以下程序，其运行结果是_____。

```
#include "stdio.h"
main()
{ char fun(char,int);
char a='A';
int b=13;
a=fun(a,b);
putchar(a);
}
char fun(char a,int b)
{ char k;
k=a+b;
return k;
}
```

　　A．A　　　　　　　B．M　　　　　　　C．N　　　　　　　D．L

27．编写求两个双精度数之和的函数，下列选项中正确的是_____。

　　A．double add(double a,double b)

　　　　{ double s;

　　　　s=a+b;

　　　　return s;

　　　　}

　　B．double add(double a,b)

　　　　{ double s;

　　　　s=a+b;

　　　　return (s);

　　　　}

C.　double add(double a double b)

  { double s;

  s=a+b;

  returns;

  }

D.　double add(a,b)

  { double a,b,s;

  s=a+b;

  return (s);

  }

28．有以下程序：

```
#include "stdio.h"
int fun(int x)
{ printf("x=%d\n",++x);
}
main()
{ fun(12+5);
}
```

程序的运行结果是_____。

 A．12　　　　　　　B．13　　　　　　C．17　　　　　　D．18

29．有以下程序：

```
#include "stdio.h"
int aa(int x,int y);
main()
{ int a=24,b=16,c;
c=aa(a,b);
printf("%d\n",c);
}
int aa(int x,int y)
{ int w;
while(y)
{ w=x%y;
x=y;
y=w;
}
return x;
}
```

程序的运行结果是_____。

 A．8　　　　　　　B．7　　　　　　　C．6　　　　　　　D．5

30．阅读以下程序，其运行结果是_____。

```
#include "stdio.h"
main()
{ fun3(fun1(),fun2());
}
fun1()
{ int k=20;
return k;
```

```
}
fun2()
{ int a=15;
return a;
}
fun3(int a,int b)
{ int k;
k=(a-b)*(a+b);
printf("%d\n",k);
}
```

A. 0   B. 184   C. 175   D. 编译不通过

二、填空题

1. 当调用函数时，实参是一个数组名，向函数传递的是_____。

2. 以下程序的运行结果是_____。

```
void fun()
{ static int a=0;
a+=2; printf("%d",a);
}
main()
{ int cc;
for(cc=1;cc<4;cc++) fun();
printf("\n");
}
```

3. 以下程序的运行结果是_____。

```
long fib (int g)
{ switch (g)
{ case 0: return 0;
case 1: case2: return 1;
}
return (fib (g-1)+fib(g-2));
}
main ()
{ long k;
k=fib (5);
printf ("k=%(d\n)",k);
}
```

4. 以下程序的运行结果是_____。

```
unsigned fun6(unsigned num)
{ unsigned k=1;
do
{ k *=num; num/=10;
} while (num);
return k;
}
main()
{ unsigned n=26;
printf("%d\n", fun6(n));
}
```

5. 下面 fun() 函数的功能是将形参 x 的值转换成二进制数，所得二进制数的每一位放在一维数组中返回，二进制数的最低位放在下标为 0 的元素中，其他依次类推，请填空。

```
fun(int x,int b[])
```

```
{ int k=0,r;
do
{ r=x% _____ ;
b[ _____ ]=r;
x/= _____ ;
} while(x);
}
```

6. 下面 fun()函数的功能是将一个字符串的内容颠倒过来，请填空。

```
void fun(char str[])
{ int i,j, _____ ;
for(i=0,j= _____ ;i<j;i++)
{ k=str[i];
str[i]=str[j];
str[j]=k;
}
}
```

7. 有以下程序，其运行结果是_____。

```
#include "stdio.h"
int fun()
{ static int k;
return k;
}
main()
{ int m;
m=fun();
printf("%d\n",m);
}
```

8. 下面的 fun()函数是一个求阶乘的递归调用函数，请填空。

```
int fun(int k)
{ if(k==1) _____ ;
else return( _____ );
}
```

三、编程题

1. 编写程序，要求在 main()主函数中输入一个整数，prime()子函数判断该整数是否为素数，如果是素数，则返回 1，否则返回 0。

2. 编写程序，要求在 main()主函数中输入一个字符串，prime()子函数将该字符串中的大写字母转换为小写字母，小写字母转换为大写字母，其他字符不变，并将转换后的字符串返回主程序。

3. 输入一个正整数 n，求 1+1/2!+1/3!+…+l/n!的值，要求定义并调用 fact(n)函数计算 n 的阶乘，函数返回值的类型是单精度浮点型。

4. 用递归方法求 1+2+3+4+…+n。

5. 编写一个函数，求一个字符串的长度。在 main()主函数中输入字符串，并输出其长度。

6. 编写一个函数，求出给定的二维数组中每一行最大的元素，并显示出来。

第 8 章

指针

指针是 C 语言中广泛使用的一种数据类型。运用指针编程是 C 语言主要的风格之一。利用指针变量可以表示各种数据结构，能很方便地使用数组和字符串，并能像汇编语言一样处理内存地址，从而编写出简练而高效的程序。指针极大地丰富了 C 语言的功能。学习指针是学习 C 语言最重要的一环，能否正确理解和使用指针是我们掌握 C 语言的一个标志。同时，指针也是 C 语言中最为困难的一部分，在学习中除了要正确理解指针的基本概念，还必须要多编程、上机调试。只要做到这些，指针也是不难掌握的。

8.1 地址指针的基本概念

在计算机中，所有的数据都是存放在存储器中的。一般把存储器中的一个字节称为一个内存单元，不同的数据类型所占用的内存单元数不等，如整型量占 4 字节，字符量占 1 字节等，在前文已经有详细的介绍。为了正确地访问这些内存单元，必须为每个内存单元编号。根据一个内存单元的编号即可准确地找到该内存单元。内存单元的编号也被称为地址。既然根据内存单元的编号或地址就可以找到所需的内存单元，所以通常也把这个地址称为指针。内存单元的指针和内存单元的内容是两个不同的概念。我们可以用一个通俗的例子来说明它们之间的关系。我们到银行去存取款时，银行工作人员将根据其账号查找存款单，找到之后在存单上写入存款、取款的金额。在这里，账号就是存单的指针，存款数是存单的内容。对于一个内存单元来说，单元的地址即为指针，其中存放的数据才是该单元的内容。在 C 语言中，允许使用一个变量来存放指针，这种变量称为指针变量。因此，一个指针变量的值就是某个内存单元的地址或某个内存单元的指针。

图 8-1 中定义了整型变量 i，系统为其分配 2000、2001 两个字节的单元。2000 就是变量 i 的地址，也成为变量 i 的指针。变量的值 10 就是内存单元中的内容。如果将指针 2000 存放到变量 i_pointer 中，则 i_pointer 就是指针变量。

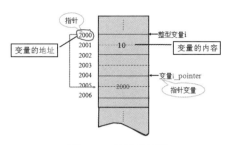

图 8-1　变量的指针

严格来说,一个指针是一个地址,是一个常量。而一个指针变量却可以被赋给不同的指针值,是变量。但是我们常把指针变量简称为指针。为了避免混淆,我们约定:"指针"是指地址,是常量,"指针变量"是指取值为地址的变量。定义指针的目的是为了通过指针去访问内存单元。

既然指针变量的值是一个地址,那么这个地址不仅可以是变量的地址,也可以是其他数据结构的地址。在一个指针变量中存放一个数组或一个函数的首地址有何意义呢?因为数组或函数都是连续存放的。通过访问指针变量取得了数组或函数的首地址,也就找到了该数组或函数。这样,凡是出现数组、函数的地方都可以使用一个指针变量来表示,只要该指针变量中赋给数组或函数的首地址即可。这样将会使程序的概念十分清楚,程序本身也简练,高效。在 C 语言中,一种数据类型或数据结构往往都占有一组连续的内存单元。用"地址"这个概念并不能很好地描述一种数据类型或数据结构,而"指针"虽然实际上也是一个地址,但它却是一个数据结构的首地址,它是"指向"一个数据结构的,因而概念更为清楚,表示更为明确。这也是引入"指针"概念的一个重要原因。

8.2　变量的指针和指向变量的指针变量

变量的指针就是变量的地址。存放变量地址的变量是指针变量。即在 C 语言中,允许使用一个变量来存放指针,这种变量称为指针变量。因此,一个指针变量的值就是某个变量的地址或某个变量的指针。

为了表示指针变量和它所指向的变量之间的关系,在程序中使用指针运算符"*"表示"指向"。例如,i_pointer 表示指针变量,而*i_pointer 是 i_pointer 所指向的变量。

如图 8-2 所示,i_pointer 中存放变量 i 的地址 2000,i_pointer 就是指针变量,*i_pointer 是 i_pointer 所指向的变量,也就是变量 i。

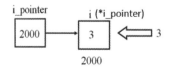

图 8-2　指针变量指向

因此,下面两条语句作用相同:

```
i=3;
```

```
*i_pointer=3;
```

第 2 条语句的含义是将 3 赋给指针变量 i_pointer 所指向的变量。

8.2.1　定义一个指针变量

对指针变量的定义包括以下 3 个内容。

（1）指针类型说明，即定义变量为一个指针变量。

（2）指针变量名。

（3）变量值（指针）所指向的变量的数据类型。

其语法格式如下：

```
类型说明符 *变量名;
```

其中，"*"表示这是定义一个指针变量，"变量名"为定义的指针变量名，"类型说明符"表示本指针变量所指向的变量的数据类型，也称为基类型。

例如：

```
int *p1;
```

表示 p1 是一个指针变量，它的值是某个整型变量的地址。或者说 p1 指向一个整型变量。至于 p1 究竟指向哪一个整型变量，应该由向 p1 赋予的地址来决定。

又如：

```
int *p2;         //p2 是指向整型变量的指针变量
float *p3;       //p3 是指向浮点型变量的指针变量
char *p4;        //p4 是指向字符型变量的指针变量
```

> 注意:
> （1）"int *p1, *p2;" 与 "int *p1,p2;" 的区别。
> （2）指针变量名是 "p1,p2"，而不是 "*p1,*p2"。
> （3）在定义指针变量时必须指定基类型。
> （4）指针变量只能指向定义时所规定类型的变量。
> （5）指针变量定义后，变量值不确定，应用前必须先赋值。

8.2.2　指针变量的引用

指针变量同普通变量一样，使用之前不仅要定义说明，而且必须赋予具体的值。未经赋值的指针变量不能使用，否则将造成系统混乱，甚至死机。指针变量的赋值只能赋予地址，决不能赋予任何其他数据，否则将引起错误。在 C 语言中，变量的地址是由编译系统分配的，对用户完全透明，用户不知道变量的具体地址。

两个有关的运算符。

（1）&：取地址运算符。

（2）*：指针运算符（又称为间接访问运算符）。

C 语言中提供了取地址运算符 "&" 来表示变量的地址。

其语法格式如下：

```
&变量名;
```

&a 表示变量 a 的地址，&b 表示变量 b 的地址。变量本身必须预先说明。

假设有指向整型变量的指针变量 p，如果想要把整型变量 a 的地址赋予 p，则可以使用以下两种方法。

（1）指针变量初始化的方法。例如：

```
int a;
int *p=&a;
```

（2）赋值语句的方法。例如：

```
int a;
int *p;
p=&a;
```

不允许把一个数赋予指针变量，所以下面的赋值是错误的：

```
int *p;
p=1000;
```

被赋值的指针变量前面不能再添加"*"，如写为*p=&a 也是错误的。

假设：

```
int i=200, x;
int *ip;
```

我们定义了两个整型变量 i、x，还定义了一个指向整数的指针变量 ip。i、x 中可以存放整数，而 ip 中只能存放整型变量的地址。我们可以把 i 的地址赋给 ip：

```
ip=&i;
```

此时指针变量 ip 指向整型变量 i，假设变量 i 的地址为 1800，这个赋值可以理解为如图 8-3 所示的联系。

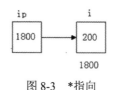

图 8-3　*指向

以后我们便可以通过指针变量 ip 间接访问变量 i，例如：

```
x=*ip;
```

指针运算符"*"访问以 ip 为地址的存储区域，而 ip 中存放的是变量 i 的地址，因此，*ip 访问的是地址为 1800 的存储区域（因为是整数，实际上是从 1800 开始的 4 字节），它就是 i 所占用的存储区域，所以上面的赋值表达式等价于

```
x=i;
```

另外，指针变量和一般变量一样，存放的值是可以改变的，也就是说，用户可以改变它们的指向，假设：

```
int i,j,*p1,*p2;
i='a';
j='b';
p1=&i;
p2=&j;
```

建立如图 8-4 所示的联系。

这时赋值表达式 p2=p1 就使 p2 与 p1 指向同一对象 i，此时*p2 就等价于 i，而不是 j，如图 8-5 所示。

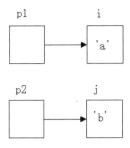
图 8-4　指针指向变量

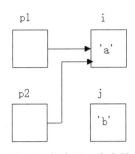
图 8-5　指向同一个变量

通过指针访问它所指向的一个变量是以间接访问的形式进行的，所以比直接访问一个变量要费时间，而且不直观，因为通过指针要访问哪一个变量，取决于指针的值（即指向）。例如，"*p2=*p1;"实际上就是"j=i;"，前者不仅速度慢而且目的不明。由于指针是变量，我们可以通过改变它们的指向，间接访问不同的变量，这给程序员带来了灵活性，也使程序代码编写更为简洁和有效。

指针变量可以出现在表达式中，假设：

```
int x,y,*px=&x;
```

指针变量 px 指向整数 x，*px 可以出现在 x 能出现的任何地方。例如：

```
y=*px+5;   //表示把 x 的内容加上 5 后赋给 y
y=++*px;   //表示把 px 的内容加上 1 后赋给 y，++*px 相当于++(*px)
y=*px++;   //等价于 y=*px; px++
```

【例 8-1】通过指针变量访问整型变量，代码如下：

```
#include<stdio.h>
main()
{   int a,b;
    int *p1,*p2;
    a=100;b=10;
    p1=&a;
    p2=&b;
    printf("%d,%d\n",a,b);
    printf("%d,%d\n",*p1,*p2);
}
```

运行结果为：

```
100,10
100,10
```

对上面程序的说明如下。

（1）在开头处虽然定义了两个指针变量 p1 和 p2，但它们并未指向任何一个整型变量，只是提供两个指针变量，规定它们可以指向整型变量。第 6 行、第 7 行代码的作用就是使 p1 指向 a，p2 指向 b。

（2）最后一行代码中的*p1 和*p2 就是变量 a 和 b。最后两个 printf()函数的作用是相同的。

（3）程序中有两处出现*p1 和*p2，请区分它们的不同含义。

（4）第 6 行、第 7 行代码"p1=&a;"和 "p2=&b;"不能写成"*p1=&a;"和 "*p2=&b;"。请对下面关于"&"和"*"的问题进行考虑。

（1）&*p1、&p1、&*a、p2=*p1、p2=p1 各自的含义是什么？

（2）*&a、*&P1 各自的含义是什么？

（3）（*p1）++的含义是什么？

（4）*(p1++)的含义是什么？

【例 8-2】输入 a 和 b 两个整数，按从小到大的顺序输出 a 和 b 的值，代码如下：

```c
#include<stdio.h>
main()
{ int *p1,*p2,*p,a,b;
  scanf("%d,%d",&a,&b);
  p1=&a;p2=&b;
  if(a>b)
    {p=p1;p1=p2;p2=p;}
  printf("a=%d,b=%d\n",a,b);
  printf("min=%d,max=%d\n",*p1, *p2);
}
```

运行结果为：

```
5,3
a=5,b=3
min=3,max=5
```

从运行结果可以看出，a、b 的值并没有发生改变。

8.2.3 指针变量的几点说明

指针变量可以进行某些运算，但其运算的种类是有限的。它只能进行赋值运算、部分算术运算及关系运算。

1. 指针运算符

（1）取地址运算符"&"：取地址运算符"&"是单目运算符，其结合性为自右至左，其功能是取变量的地址。在 scanf()函数及前文介绍指针变量赋值中，我们已经了解并使用了"&"。

（2）指针运算符"*"：指针运算符"*"是单目运算符，其结合性为自右至左，用来表示指针变量所指的变量。在"*"之后跟的变量必须是指针。

需要注意的是指针运算符"*"和指针变量说明中的指针说明符"*"不是一回事。在指针变量说明中，"*"是类型说明符，表示其后的变量是指针类型。而表达式中出现的"*"则是一个运算符用来表示指针变量所指的变量。

2. 指针变量的运算

（1）赋值运算：指针变量的赋值运算有以下几种形式。

- 指针变量初始化赋值，前文已经进行了介绍。
- 把一个变量的地址赋予指向相同数据类型的指针变量。例如：

```c
int a,*pa;
pa=&a;     //把整型变量 a 的地址赋予整型指针变量 pa
```

- 把一个指针变量的值赋予指向相同类型变量的另一个指针变量。例如：

```c
int a,*pa=&a,*pb;
pb=pa;     //把 a 的地址赋予指针变量 pb
```

由于 pa、pb 均为指向整型变量的指针变量，因此可以相互赋值。

● 把数组的首地址赋予指向数组的指针变量。例如：

```
int a[5],*pa;
pa=a;
```

数组名表示数组的首地址，因此可以赋予指向数组的指针变量 pa，也可以写为：

```
pa=&a[0];    //数组第一个元素的地址也是整个数组的首地址，也可赋予 pa
```

当然也可以采取初始化赋值的方法：

```
int a[5],*pa=a;
```

● 把字符串的首地址赋予指向字符类型的指针变量。例如：

```
char *pc;
pc="C Language";
```

或者使用初始化赋值的方法，写为：

```
char *pc="C Language";
```

这里需要说明的是，并不是把整个字符串装入指针变量，而是把存放该字符串的字符数组的首地址装入指针变量。

● 把函数的入口地址赋予指向函数的指针变量。例如：

```
int (*pf)();
pf=f;       //f 为函数名
```

（2）加减算术运算。

对于指针变量，可以加上或减去一个整数 n（通常是指向数组的指针变量才会进行加减操作）。假设 pa 是指向整型变量的指针变量，pa+n、pa−n、pa++、++pa、pa−−、−−pa 运算都是合法的。指针变量加上或减去一个整数 n 的意义是把指针指向的当前位置向前或向后移动 n 个位置。需要注意的是，指针变量向前或向后移动一个位置和地址加 1 或减 1 在概念上是不同的。因为指针变量的基类型是不同的，各种类型的变量所占的字节长度是不同的。例如，指针变量加 1，即向后移动 1 个位置表示指针变量指向下一个基类型变量，而不是在原地址基础上加 1。例如：

```
int a[5],*pa;
pa=a;          //pa 指向数组 a，也是指向 a[0]
pa=pa+2;       //pa 指向 a[2]，即 pa 的值为&pa[2]
```

指针变量的加减运算只能对数组指针变量进行操作，对指向其他类型变量的指针变量进行加减运算是毫无意义的。

（3）两个指针变量之间的运算：只有指向同一数组的两个指针变量之间才能进行运算，否则运算毫无意义。

● 两个指针变量相减：两个指针变量相减所得之差是两个指针所指数组元素之间相差的元素个数。实际上是两个指针值（地址）相减之差再除以该数组元素的长度（字节数）。例如，pf1 和 pf2 是指向同一个浮点型数组的两个指针变量，假设 pf1 的值为 2010H，pf2 的值为 2000H，而浮点型数组每个元素占 4 字节，所以 pf1−pf2 的结果为 (2010H−2000H)/4=4，表示 pf1 和 pf2 之间相差 4 个元素。两个指针变量不能进行加法运算。例如，pf1+pf2 毫无实际意义。

● 两个指针变量进行关系运算：指向同一个数组的两个指针变量进行关系运算可以表示它们所指数组元素之间的关系。

例如：

```
pf1==pf2//表示 pf1 和 pf2 指向同一个数组元素
pf1>pf2//表示 pf1 处于高地址位置
pf1<pf2//表示 pf1 处于低地址位置
```

指针变量还可以与 0 比较。

假设 p 为指针变量，p==0 表示 p 是空指针，它不指向任何变量。

p!=0 表示 p 不是空指针。

空指针是由对指针变量赋予 0 值而得到的。

例如：

```
#define NULL 0
int *p=NULL;
```

对指针变量赋 0 值和不赋值是不同的。当指针变量未赋值时，可以是任意值，是不能使用的，否则将造成意外错误。而指针变量赋 0 值后，可以使用，只是它不指向具体的变量。

【例 8-3】一个指针变量的错误用法，代码如下：

```c
#include <stdio.h>
main()
{
  int  *p, *s, a;
  a=*p+*s;
  printf("a=%d\n*p=%lu\n",a,p);
  printf("*s=%lu",s);
}
```

程序运行结果如图 8-6 所示。

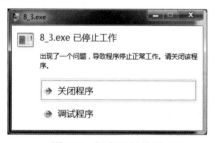

图 8-6　程序运行结果

8.3　数组的指针和指向数组的指针变量

一个变量有一个地址，一个数组包含若干元素，每个数组元素都在内存中占用存储单元，它们都有相应的地址。所谓数组的指针是指数组的起始地址，数组元素的指针是数组元素的地址。

8.3.1　指向数组元素的指针

一个数组是由连续的一块内存单元组成的。数组名就是这块连续内存单元的首地址。一个数组也是由各个数组元素（下标变量）组成的。每个数组元素按其类型不同占有几个连续的内存单元。一个数组的首地址也是指它所占有的几个内存单元的首地址。

定义一个指向数组元素的指针变量的方法如下。

例如:

```
int a[10];        //定义 a 为包含 10 个整型数据的数组
int *p;           //定义 p 为指向整型变量的指针
```

需要注意的是,因为数组为整型,所以指针变量也应该为指向整型的指针变量。下面对指针变量赋值:

```
p=&a[0];
```

把 a[0]元素的地址赋给指针变量 p。也就是说,p 指向 a 数组的第 0 个元素,如图 8-7 所示。

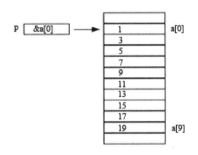

图 8-7 指向数组元素的指针

C 语言规定,数组名表示数组的首地址,也就是第 0 个元素的地址。因此,下面两条语句是等价的:

```
p=&a[0];
p=a;
```

在定义指针变量时可以赋给初值:

```
int *p=&a[0];
```

等价于:

```
int *p;
p=&a[0];
```

当然在定义时也可以写为:

```
int *p=a;
```

从图 8-7 中我们可以看出有以下关系:p、a、&a[0]均指向同一个内存单元,它们是数组 a 的首地址,也是第 0 个元素 a[0]的首地址。需要说明的是,p 是变量,而 a、&a[0]都是常量,在编写程序时应予以注意。

数组指针变量说明的语法格式如下:

```
类型说明符  *指针变量名;
```

其中"类型说明符"表示所指数组的类型。从语法格式可以看出指向数组的指针变量和指向普通变量的指针变量的说明是相同的。

C 语言规定,如果指针变量 p 已指向数组中的一个元素,则 p+1 指向同一个数组中的下一个元素。

引入指针变量后,就可以使用两种方法来访问数组元素了。

如果 p 的初值为&a[0],则:

（1）p+i 和 a+i 就是 a[i]的地址，或者说它们指向 a 数组的第 i 个元素，如图 8-8 所示。

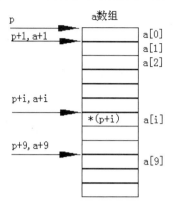

图 8-8　通过指针表示元素地址

（2）*(p+i)或*(a+i)就是 p+i 或 a+i 所指向的数组元素，即 a[i]。例如，*(p+5)或*(a+5)就是 a[5]。

（3）指向数组的指针变量也可以带下标，如 p[i]与*(p+i)等价。根据以上叙述，引用一个数组元素可以使用以下两种方法。

- 下标法：采用 a[i]形式访问数组元素。在前面介绍数组时都是采用这种方法。
- 指针法：采用*(a+i)或*(p+i)形式，用间接访问的方法来访问数组元素，其中 a 是数组名，p 是指向数组的指针变量，其初值为 p=a。

【例 8-4】输出数组中的全部元素（下标法），代码如下：

```
#include <stdio.h>
main()
{
  int a[10],i;
  for(i=0;i<10;i++)
    a[i]=i;
  for(i=0;i<5;i++)
    printf("a[%d]=%d\n",i,a[i]);
}
```

运行结果为：

```
a[0]=0
a[1]=1
a[2]=2
a[3]=3
a[4]=4
```

【例 8-5】输出数组中的全部元素（通过数组名计算元素的地址，输出元素的值），代码如下：

```
#include <stdio.h>
main()
{
  int a[10],i;
  for(i=0;i<10;i++)
    *(a+i)=i;
  for(i=0;i<10;i++)
    printf("a[%d]=%d\n",i,*(a+i));
```

```
}
```

运行结果为:

```
a[0]=0
a[1]=1
a[2]=2
a[3]=3
a[4]=4
```

【例 8-6】输出数组中的全部元素(使用指针变量指向元素),代码如下:

```
#include <stdio.h>
main()
{
  int a[10],i,*p;
  p=a;
  for(i=0;i<10;i++)
    *(p+i)=i;
  for(i=0;i<10;i++)
    printf("a[%d]=%d\n",i,*(p+i));
}
```

运行结果为:

```
a[0]=0
a[1]=1
a[2]=2
a[3]=3
a[4]=4
```

从运行结果可以看出,3 种表示方式得到的结果是一致的。

【例 8-7】输出数组中的全部元素(通过指针的移动来指向元素),代码如下:

```
#include <stdio.h>
main()
{
  int a[10],i,*p=a;
  for(i=0;i<10;){
    *p=i;
    printf("a[%d]=%d\n",i++,*p++);
  }
}
```

运行结果为:

```
a[0]=0
a[1]=1
a[2]=2
a[3]=3
a[4]=4
a[5]=5
a[6]=6
a[7]=7
a[8]=8
a[9]=9
```

需要注意以下两个问题。

(1)指针变量可以实现本身的值的改变。例如,p++是合法的,而 a++是错误的。因为 a 是数组名,它是数组的首地址,是常量。

（2）要注意指针变量的当前值。请看下面的程序。

【例 8-8】找出错误，代码如下：

```c
#include <stdio.h>
main()
{
  int *p,i,a[10];
  p=a;
for(i=0;i<10;i++)
    *p++=i;
  for(i=0;i<10;i++)
    printf("a[%d]=%d\n",i,*p++);
}
```

运行结果为：

```
a[0]=0
a[1]=1244996
a[2]=1245064
a[3]=4199033
a[4]=1
a[5]=2755992
a[6]=2756096
a[7]=0
a[8]=0
a[9]=2147332096
```

从运行结果可以看出，输出的内容并不是我们赋值的内容。产生这个结果的原因就是指针变量在第一个循环完成之后指向了数组后面的单元。

【例 8-9】修改例 8-8 的代码，代码如下：

```c
#include <stdio.h>
main()
{
  int *p,i,a[10];
  p=a;
for(i=0;i<10;i++)
*p++=i;
  p=a;
  for(i=0;i<10;i++)
    printf("a[%d]=%d\n",i,*p++);
}
```

从上面实例可以看出，虽然定义数组时指定它包含 10 个元素，但指针变量可以指到数组以后的内存单元，系统并不认为非法。

（3）*p++，由于++和*是同等优先级，结合方向自右向左，等价于*(p++)。

（4）*(p++)与*(++p)作用不同。如果 p 的初值为 a，则*(p++)等价于 a[0]，*(++p)等价于 a[1]。

（5）(*p)++表示 p 所指向的元素值加 1。

（6）如果 p 当前指向 a 数组中的第 i 个元素，则*(p--)相当于 a[i--]，*(++p)相当于 a[++i]，*(--p)等价于 a[--i]。

8.3.2 指向多维数组的指针和指针变量

本节以二维数组为例介绍多维数组的指针变量。

1. 多维数组的地址

设有整型二维数组 a[3][4]如下：

0 1 2 3

4 5 6 7

8 9 10 11

它的定义为：

short a[3][4]={{0,1,2,3},{4,5,6,7},{8,9,10,11}}

设数组 a 的首地址为 1000，其各元素的地址及其值如图 8-9 所示。

1000 0	1002 1	1004 2	1006 3
1008 4	1010 5	1012 6	1014 7
1016 8	1018 9	1020 11	1022 12

图 8-9 二维数组各元素的地址及其值

C 语言允许把一个二维数组分解为多个一维数组来处理。因此数组 a 可以分解为 3 个一维数组，即 a[0]、a[1]、a[2]。每一个一维数组又包含 4 个元素。

例如，a[0]数组，包含 a[0][0]、a[0][1]、a[0][2]、a[0][3]4 个元素。

二维数组及数组元素的地址表示如图 8-10 所示。

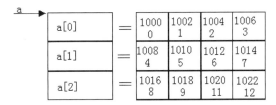

图 8-10 二维数组及数组元素的地址表示

从二维数组的角度来看，a 是二维数组名，a 表示整个二维数组的首地址，也是二维数组第 0 行的首地址，等于 1000。a+1 表示第 1 行的首地址，等于 1008，如图 8-11 所示。

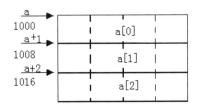

图 8-11 二维数组行地址表示

a[0]是第 1 个一维数组的数组名和首地址，因此 a[0]=1000。*(a+0)或*a 与 a[0]等价，它表示一维数组 a[0]的首地址，也为 1000。&a[0][0]是二维数组 a 的第 0 行第 0 列元素首地址，其值也是 1000。因此，a、a[0]、*(a+0)、*a、&a[0][0]的值是相等的。

同理，a+1 是二维数组第 1 行的首地址，其值是 1008。a[1]是第 2 个一维数组的数组名和首地址，其值也是 1008。&a[1][0]是二维数组 a 的第 1 行第 0 列元素地址，其值也是 1008。因此 a+1、a[1]、*(a+1)、&a[1][0]的值是相等的。

由此可以得出：a+i、a[i]、*(a+i)、&a[i][0]的值是相等的。

此外，&a[i]和 a[i]的值也是相等的。因为在二维数组中不能把&a[i]理解为元素 a[i]的地址，不存在元素 a[i]。C 语言规定，它是一种地址计算方法，表示数组 a 第 i 行首地址。由此得出：a[i]、&a[i]、*(a+i)和 a+i 的值也都是相等的。

另外，a[0]也可以看成是 a[0]+0，是一维数组 a[0]的第 0 个元素的首地址，而 a[0]+1 则是 a[0]的第 1 个元素的首地址。由此可以得出：a[i]+j 是一维数组 a[i]的第 j 个元素的首地址，它等价于&a[i][j]，如图 8-12 所示。

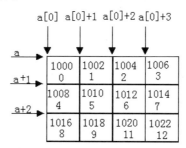

图 8-12　二维数组列地址表示

由 a[i]=*(a+i)得出 a[i]+j=*(a+i)+j。由于*(a+i)+j 是二维数组 a 的第 i 行第 j 列元素的首地址，所以该元素的值等于*(*(a+i)+j)。

【例 8-10】二维数组的有关数据（地址和值），代码如下：

```c
#include <stdio.h>
main()
{
    int a[3][4]={0,1,2,3,4,5,6,7,8,9,10,11};
    printf("%d,",a);
    printf("%d,",*a);
    printf("%d,",a[0]);
    printf("%d,",&a[0]);
    printf("%d\n",&a[0][0]);
    printf("%d,",a+1);
    printf("%d,",*(a+1));
    printf("%d,",a[1]);
    printf("%d,",&a[1]);
    printf("%d\n",&a[1][0]);
    printf("%d,",a+2);
    printf("%d,",*(a+2));
    printf("%d,",a[2]);
    printf("%d,",&a[2]);
    printf("%d\n",&a[2][0]);
    printf("%d,",a[1]+1);
    printf("%d\n",*(a+1)+1);
    printf("%d,%d\n",*(a[1]+1),*(*(a+1)+1));
}
```

运行结果为:

```
1703680,1703680,1703680,1703680,1703680
1703696,1703696,1703696,1703696,1703696
1703712,1703712,1703712,1703712,1703712
1703700,1703700
5,5
```

2. 指向二维数组的指针变量

把二维数组 a 分解为一维数组 a[0]、a[1]、a[2]后,设 p 为指向二维数组的指针变量。可定义为:

```
int (*p)[4]
```

它表示 p 是一个指针变量,它指向包含 4 个元素的一维数组。若指向第 1 个一维数组 a[0],其值与 a、a[0]、&a[0][0]的值相等。而 p+i 指向一维数组 a[i]。从前面的分析可以得出*(p+i)+j 是二维数组第 i 行第 j 列的元素的首地址,而*(*(p+i)+j)则是第 i 行第 j 列元素的值。

二维数组指针变量说明的语法格式如下:

```
类型说明符  (*指针变量名)[长度]
```

其中,"类型说明符"表示所指数组的数据类型,"*"表示其后的变量是指针类型,"长度"表示当二维数组分解为多个一维数组时,一维数组的长度也就是二维数组的列数。需要注意的是,"(*指针变量名)"两边的括号不可缺少,如果缺少括号则表示是指针数组,意义就完全不同了。

【例 8-11】指向二维数组的指针变量,代码如下:

```
#include <stdio.h>
main()
{
    int a[3][4]={0,1,2,3,4,5,6,7,8,9,10,11};
    int(*p)[4];
    int i,j;
    p=a;
    for(i=0;i<3;i++)
    {for(j=0;j<4;j++)
        printf("%2d  ",*(*(p+i)+j));
    printf("\n");}
}
```

运行结果为:

```
0  1  2  3
4  5  6  7
8  9  10 11
```

分析例 8-11 的程序可以看到,当指针变量指向二维数组的首地址后,二维数组的元素可以理解为先按行再按列排列而成的一维数组。因此用户可以使用对指针变量每次加 1 的方式顺序处理二维数组中的元素。

【例 8-12】按一维数组方式处理,代码如下:

```
#include <stdio.h>
main()
{
    int a[2][3],*p=a;
    int i,j;
    for(i=0;i<2;i++)
```

```
    for(j=0;j<3;j++)
    {
        scanf("%d",p);
        p++;
    }
    p=a;
    for(i=0;i<2;i++)
    {
        for (j=0;j<3;j++)
        {
            printf("%10d", *p);
            p++;
        }
        printf("\n");
    }
}
```

运行结果为:

```
1 2 3
4 5 6
         1         2         3
         4         5         6
```

8.4 指针作为函数参数

在第 7 章例 7-2 中定义了一个 swap()函数用来实现两个数的交换,两个形参变量在函数调用过程中发生了交换,而对应的实参并没有发生改变。这是因为实参和形参属于不同的存储单元,它们之间是单向值传递。

【例 8-13】 将输入的两个整数按从大到小的顺序输出,代码如下:

```
#include <stdio.h>
void swap(int *x, int *y)
{
    int z;
    z=*x;
    *x=*y;
    *y=z;
}
main()
{
    int a,b,*pa,*pb;
    scanf("%d%d",&a,&b);
    pa=&a; pb=&b;
    printf("a=%d,b=%d\n",a,b);
    printf("swapped:\n");
    if (a<b)
    swap(pa,pb) ;
    printf("a=%d,b=%d\n",a,b);
}
```

运行结果为:

```
3 5
a=3,b=5
swapped:
```

```
a=5,b=3
```

现在我们来看一下程序是怎么执行的。当 main() 主函数调用 swap() 函数时，参数是指针变量 pa 和 pb，传递的是变量 a 和 b 的地址，假设 a 的地址是 1500，b 的地址是 2000。当参数传递时仍然是传值的，但这回传递的值是地址，也就是把地址值 1500 和 2000 传递给相对应的形参。swap() 函数的形参这次被定义为指向整型的指针，它们正好可以接收整型变量 a、b 的地址值，所以参数传递相当于"x=&a;y=&b;"语句，指针变量 x 指向 a，y 指向 b。"z=*x;"语句将 x 的值 1500 作为地址，取 1500 对应单元存放的值也就是 a 的值 3 赋给 z，z 的值变为 3。同理，"*x=*y;"语句将 y 所指的变量（地址 2000 单元）的值赋给 x 所指的变量（地址 1500 单元），这时地址 1500 单元中存放 5。"*y=z;"语句将 z 的值 3 赋给 y 所指的变量（地址 2000 单元），这时地址 2000 单元中存放 3。swap() 函数执行完后，它的形参被释放，但地址 1500 和 2000 中仍存放着数据，它们就是变量 a 和 b 的值。这时从 main() 主函数中再次输出 a、b 的值，其值是已经交换过的值了。

从这个实例中我们可以看到：虽然 C 语言的函数参数都是传值的，但是可以通过地址值间接地把被调函数的某些数值传送给主调函数。这样指针又为我们在函数之间传递数据提供了一种新的途径。需要理解的是，即使是指针作为参数，参数的传递仍然是传值的，形参改变的只是它所指的变量的值，而不是形参自身的地址值。正是因为地址值没有改变，我们才能间接地将改变参数造成的影响传递到主调函数。

【例 8-14】在例 8-13 基础上进行修改，代码如下：

```
#include <stdio.h>
void swap(int *x, int *y)
{
    int *z;
    z=x;
    x=y;
    y=z;
}
main()
{
    int a,b,*pa,*pb;
    scanf("%d%d",&a,&b);
    pa=&a; pb=&b;
    printf("a=%d,b=%d\n",a,b);
    printf("swapped:\n");
    if (a<b)
    swap(pa,pb) ;
    printf("a=%d,b=%d\n",a,b);
    printf("*pa=%d,*pb=%d\n",*pa,*pb);
}
```

运行结果为：

```
3 5
a=3,b=5
swapped:
a=3,b=5
*pa=3,*pb=5
```

从上面程序的运行结果可以看出：swap()函数中的形参仍是指针变量，函数中交换的是两个形参变量 x、y 的值，而不是*x、*y 的值。当函数调用结束后，a、b 的值没有发生变化，而对应的实参 pa、pb 的值也没有发生变化。

通过两个实例的比较可以看出：通过函数调用来改变实参指针变量的值是不可能的，但可以改变实参指针变量所指变量的值；而且运用指针变量作为参数，可以得到多个变化了的值。这是采用返回值方式不可能做到的，从而使用户体会到使用指针的好处。

> **说明**：如果想要通过函数调用得到 n 个要改变的值，则可以进行如下操作。
> （1）在主调函数中定义 n 个变量，使用 n 个指针变量指向它们。
> （2）使用指针变量作为实参，将 n 个变量的地址传递给所调用的函数的形参。
> （3）通过形参指针变量，改变该 n 个变量的值。
> （4）在主调函数中可以使用这些操作改变了值的变量。

【例 8-15】 输入 a、b、c 三个数，按从大到小的顺序输出，代码如下：

```
#include <stdio.h>
void swap(int *pt1, int *pt2)
{   int temp;
    temp=*pt1;
    *pt1=*pt2;
    *pt2=temp;
}
exchange(int *q1,int *q2,int *q3)
{  if(*q1<*q2)  swap(q1,q2);
   if(*q1<*q3)  swap(q1,q3);
   if(*q2<*q3)  swap(q2,q3);
}
main()
{   int a,b,c,*p1,*p2,*p3;
    scanf("%d,%d,%d",&a,&b,&c);
    p1=&a;  p2=&b;p3=&c;
    exchange(p1,p2,p3);
    printf("%d,%d,%d\n",a,b,c);
}
```

运行结果为：

```
1,3,4
4,3,1
```

前文我们讲过在数组中 a[i]等价于*(a+i)，下标运算[]实际上就是指针运算*，所以除了使用指针变量作为函数参数，也可以使用数组作为函数参数。

【例 8-16】 将数组 a 中的 n 个整数按相反顺序存放。

解题思路：将 a[0]与 a[n-1]的值交换，再将 a[1]与 a[n-2]的值交换，…，直到将 a[(n-1/2)]与 a[n-int((n-1)/2)]交换为止。使用循环处理此问题，定义两个"位置指示变量"i 和 j，i 的初值为 0，j 的初值为 n-1。将 a[i]与 a[j]的值交换，然后使 i 的值加 1，j 的值减 1，再将 a[i]与 a[j]的值交换，直到 i=(n-1)/2 为止，如图 8-13 所示。

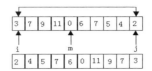

图 8-13　数组元素逆序存放

代码如下：

```c
#include <stdio.h>
void inv(int x[],int n)   //形参 x 是数组名
{
 int temp,i,j,m=(n-1)/2;
 for(i=0;i<=m;i++)
 { j=n-1-i;
   temp=x[i];x[i]=x[j];x[j]=temp;
 }
}
main()
{int i,a[10]={3,7,9,11,0,6,7,5,4,2};
 printf("The original array:\n");
 for(i=0;i<10;i++)
   printf("%d,",a[i]);
 printf("\n");
 inv(a,10);
 printf("The array has benn inverted:\n");
 for(i=0;i<10;i++)
  printf("%d,",a[i]);
 printf("\n");
}
```

运行结果为：

```
The original array:
3,7,9,11,0,6,7,5,4,2,
The array has benn inverted:
2,4,5,7,6,0,11,9,7,3,
```

【例 8-17】对例 8-16 可以做一些更改。将 inv()函数中的形参 x 更改为指针变量，代码如下：

```c
#include <stdio.h>
void inv(int *x,int n)   //形参 x 为指针变量
{
 int *p,temp,*i,*j,m=(n-1)/2;
 i=x;j=x+n-1;p=x+m;
 for(;i<=p;i++,j--)
{temp=*i;*i=*j;*j=temp;}
 return;
}
main()
{int i,a[10]={3,7,9,11,0,6,7,5,4,2};
 printf("The original array:\n");
 for(i=0;i<10;i++)
   printf("%d,",a[i]);
 printf("\n");
 inv(a,10);
 printf("The array has benn inverted:\n");
```

```
 for(i=0;i<10;i++)
  printf("%d,",a[i]);
 printf("\n");
 }
```

例 8-17 的运行结果与例 8-16 的运行结果相同。

如果有一个实参数组，想要在函数中改变此数组的元素的值，实参与形参的对应关系有以下 4 种。

（1）形参和实参都是数组名。例如：

```
main()
{int a[10];
  …
 f(a,10)
  …
 }
f(int x[],int n)
{
  …
```

（2）实用数组，形参使用指针变量。例如：

```
main()
{int a[10];
  …
 f(a,10)
  …
 }
f(int *x,int n)
{
  …
 }
```

（3）实参、形参都使用指针变量。

（4）实参为指针变量，形参为数组名。

【例 8-18】利用选择法对 10 个整数进行排序，代码如下：

```
#include <stdio.h>
sort(int x[],int n)
{int i,j,k,t;
 for(i=0;i<n-1;i++)
   {k=i;
    for(j=i+1;j<n;j++)
      if(x[j]>x[k])k=j;
    if(k!=i)
    {t=x[i];x[i]=x[k];x[k]=t;}
    }
 }
main()
{int *p,i,a[10]={3,7,9,11,0,6,7,5,4,2};
 printf("The original array:\n");
 for(i=0;i<10;i++)
   printf("%d,",a[i]);
 printf("\n");
 p=a;
 sort(p,10);
```

```
   for(p=a,i=0;i<10;i++)
    {printf("%d  ",*p);
      p++;}
  printf("\n");
}
```

运行结果为：

```
The original array:
3,7,9,11,0,6,7,5,4,2,
11 9 7 7 6 5 4 3 2 0
```

> 说明：sort()函数使用数组名作为形参，也可改为使用指针变量，这时函数的首部可以改为 "sort(int *x,int n);"，其他不进行更改。

8.5　字符串的指针和指向字符串的指针变量

8.5.1　字符串的表示形式

在 C 语言中，用户可以使用以下两种方法访问一个字符串。

1. 使用字符数组存放一个字符串

【例 8-19】使用字符数组存放一个字符串，然后输出该字符串，代码如下：

```
#include <stdio.h>
main()
{
  char string[]="I love China!";
  printf("%s\n",string);
}
```

运行结果为：

```
I love China!
```

> 说明：和前文介绍的数组属性一样，string 是数组名，它表示字符数组的首地址。

2. 使用字符串指针指向一个字符串

使用字符串指针指向一个字符串的示意图如图 8-14 所示。

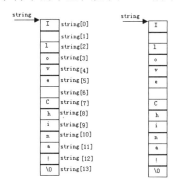

图 8-14　使用字符串指针指向一个字符串的示意图

【例 8-20】使用字符串指针指向一个字符串，然后输出该字符串，代码如下：

```
#include <stdio.h>
main()
{
  char *string="I love China!";
  printf("%s\n",string);
}
```

运行结果为：

```
I love China!
```

字符串指针变量的定义说明与指向字符变量的指针变量说明是相同的。只能按对指针变量的赋值不同来区别。对指向字符变量的指针变量应赋予该字符变量的地址。例如：

```
char c,*p=&c;
```

表示 p 是一个指向字符变量 c 的指针变量。

又如：

```
char *s="C Language";
```

表示 s 是一个指向字符串的指针变量。把字符串的首地址赋予 s。

在上面的实例中，首先定义 string 是一个字符指针变量，然后把字符串的首地址赋予 string（要写出整个字符串，以便编译系统把该字符串装入连续的一块内存单元），并把首地址送入 string。程序中的：

```
char *string="I love China!";
```

等价于：

```
char *string;
string="I love China!";
```

【例 8-21】将字符串 a 赋值为字符串 b，代码如下：

```
#include <stdio.h>
 main( )
{   char  a[]="I am a boy!",b[20],*p1,*p2;int i;
    p1=a;p2=b;
    for(;*p1!='\0';p1++,p2++)
      *p2= *p1;
    *p2='\0';
    printf("string a is:%s\n",a);
    printf("string b is:");
    for(i=0;b[i]!='\0';i++)
    printf("%c",b[i]);
    printf("\n");
 }
```

运行结果为：

```
string a is:I am a boy!
string b is:I am a boy!
```

【例 8-22】在输入的字符串中查找有无 k 字符，代码如下：

```
#include <stdio.h>
main()
{
  char st[20],*ps;
  int i;
  printf("input a string:\n");
```

```
    ps=st;
    scanf("%s",ps);
    for(i=0;ps[i]!='\0';i++)
    if(ps[i]=='k')
      {
        printf("there is a 'k' in the string\n");
        break;
      }
    if(ps[i]=='\0')
    printf("There is no 'k' in the string\n");
}
```

运行结果为:

```
input a string:
this is a test!
There is no 'k' in the string
```

【例 8-23】本实例是将指针变量指向一个格式字符串, 在 printf()函数中, 用于输出二维数组的各种地址表示的值。但在 printf 语句中使用指针变量 PF 代替了格式字符串。这也是程序中常用的方法, 代码如下:

```
#include <stdio.h>
main()
{
  int a[3][4]={0,1,2,3,4,5,6,7,8,9,10,11};
  char *PF;
  PF="%d,%d,%d,%d,%d\n";
  printf(PF,a,*a,a[0],&a[0],&a[0][0]);
  printf(PF,a+1,*(a+1),a[1],&a[1],&a[1][0]);
  printf(PF,a+2,*(a+2),a[2],&a[2],&a[2][0]);
  printf("%d,%d\n",a[1]+1,*(a+1)+1);
  printf("%d,%d\n",*(a[1]+1),*(*(a+1)+1));
}
```

【例 8-24】本实例是把字符串指针作为函数参数使用。要求把一个字符串的内容复制到另一个字符串中, 并且不能使用 strcpy()函数。cpystr()函数的形参有两个字符指针变量。pss 指向源字符串, pds 指向目标字符串。注意表达式(*pds=*pss)!='\0'的用法, 代码如下:

```
#include <stdio.h>
cpystr(char *pss,char *pds)
{
  while((*pds=*pss)!='\0')
    { pds++;
      pss++; }
}
main()
{
  char *pa="CHINA",b[10],*pb;
  pb=b;
  cpystr(pa,pb);
  printf("string a=%s\nstring b=%s\n",pa,pb);
}
```

在上面例中, 程序完成了两项工作: 一是把 pss 指向的源字符串复制到 pds 所指向的目标字符串中, 二是判断所复制的字符是否为'\0', 如果是则表示源字符串结束, 不再循环。否则, pds 和 pss 都加 1, 指向下一字符。在 main()主函数中, 以指针变量 pa、pb 作为实参,分别获取确定值后调用 cpystr()函数。由于采用的指针变量 pa 和 pss，pb 和 pds 均指向同一个字符串，因此，在 main()主函数和 cpystr()函数中均可以使用这些字符串。也可以把 cpystr() 函数简化为以下形式：

```
cpystr(char *pss,char*pds)
  {while ((*pds++=*pss++)!='\0');}
```

即把指针的移动和赋值合并在一个语句中。进一步分析后我们还可以发现'\0'的 ASC Ⅱ 码值为 0，对于 while 语句来说，如果表达式的值为非 0 则进行循环，否则结束循环，因此也可省略对“!='\0'”这部分的判断，而简写为以下形式：

```
cprstr (char *pss,char *pds)
        {while (*pds++=*pss++);}
```

表达式的意义可以解释为，源字符向目标字符赋值，移动指针，如果所赋值为非 0 则进行循环，否则结束循环。这样会使程序更加简洁。

【例 8-25】简化后的代码如下：

```
#include <stdio.h>
cpystr(char *pss,char *pds)
{
    while (*pds++=*pss++);
}
main()
{
  char *pa="CHINA",b[10],*pb;
  pb=b;
  cpystr(pa,pb);
  printf("string a=%s\nstring b=%s\n",pa,pb);
}
```

8.5.2 使用字符串指针变量与字符数组的区别

使用字符数组和字符串指针变量都可以实现字符串的存储和运算，但是两者是有区别的。在使用时应该注意以下几个问题。

（1）字符串指针变量本身是一个变量，用来存放字符串的首地址。而字符串本身是存放在以该首地址为首的一块连续的内存单元中并以'\0'作为字符串的结束。字符数组是由若干个数组元素组成的，它可以用来存放整个字符串。

（2）对字符串指针方式：

```
char *ps="C Language";
```

可以写为：

```
char *ps;
ps="C Language";
```

而对字符数组方式：

```
char st[]="C Language";
```

不能写为：

```
char st[20];
st="C Language";
```

只能对字符数组的各元素逐个赋值。

（3）编译时为字符数组分配若干个存储单元，以存放各元素的值，而对字符指针变量，只需分配一个存储单元。例如：

```
char *a;
scanf("%s",a);        //错误
char *a,str[10];
a=str;
scanf ("%s",a);       //正确
```

从以上几点可以看出字符串指针变量与字符数组在使用时的区别，同时也可看出使用指针变量更加方便。

当一个指针变量在未获取确定地址前使用是危险的，容易引起错误。但是可以对指针变量直接赋值。因为 C 语言对指针变量赋值时要给以确定的地址。

例如：

```
char *ps="C Language";
```

或者：

```
char *ps;
ps="C Language";
```

都是合法的。

8.6 函数的指针和指向函数的指针变量

在 C 语言中，一个函数总是占用一段连续的内存区，而函数名就是该函数所占内存区的首地址。我们可以把函数的这个首地址（或称为入口地址）赋予一个指针变量，使该指针变量指向该函数，再通过指针变量就可以找到并调用这个函数。我们把这种指向函数的指针变量称为"函数指针变量"。

函数指针变量定义的语法格式如下：

```
类型说明符  (*指针变量名)();
```

其中，"类型说明符"表示被指函数的返回值的类型。"(* 指针变量名)"表示"*"后面的变量是定义的指针变量。空括号"()"表示指针变量所指的是一个函数。

例如：

```
int (*pf)();
```

表示 pf 是一个指向函数入口的指针变量，该函数的返回值（函数值）是整型。

【例 8-26】使用指针形式实现对函数调用的方法，代码如下：

```
#include <stdio.h>
int max(int a,int b)
{
  if(a>b)return a;
  else return b;
}
main()
{
  int max(int a,int b);
  int(*pmax)();
  int x,y,z;
  pmax=max;
```

```
    printf("input two numbers:\n");
    scanf("%d%d",&x,&y);
    z=(*pmax)(x,y);
    printf("maxmum=%d\n",z);
}
```

运行结果为：

```
input two numbers:
3 5
maxmum=5
```

从上面程序可以看出，使用函数指针变量形式调用函数的步骤如下。

（1）先定义函数指针变量，如"int (*pmax)();"，定义 pmax 为函数指针变量。

（2）把被调函数的入口地址（函数名）赋予该函数指针变量，如"pmax=max;"

（3）使用函数指针变量形式调用函数，如"z=(*pmax)(x,y);"。

调用函数的语法格式如下：

```
(*指针变量名)（实参表）
```

使用函数指针变量还应该注意以下两点。

（1）函数指针变量不能进行算术运算，这是与数组指针变量不同的。数组指针变量加减一个整数可使指针移动指向后面或前面的数组元素，而函数指针的移动是毫无意义的。

（2）在函数调用中"(*指针变量名)"两边的括号不可缺少，其中的"*"不应该理解为求值运算，在此处它只是一种表示符号。

【例 8-27】使用函数指针变量作为参数，求最大值、最小值和两数之和，代码如下：

```
#include <stdio.h>
int max(int x,int y)
{   printf("max=");
     return(x>y?x:y);
}
int min(int x,int y)
{   printf("min=");
      return(x<y?x:y);
}
int add(int x,int y)
{   printf("sum=");
     return(x+y);
}
void process(int x,int y,int (*fun)())
{   int result;
     result=(*fun)(x,y);
     printf("%d\n",result);
}
main()
{    int a,b;
    scanf("%d,%d",&a,&b);
    process(a,b,max);
    process(a,b,min);
    process(a,b,add);
}
```

运行结果为：

```
3,5
```

```
max=5
min=3
sum=8
```

8.7　返回指针值的函数

前文我们已经介绍过，所谓函数类型是指函数返回值的类型。在 C 语言中，允许一个函数的返回值是一个指针（地址），这种返回指针值的函数称为指针型函数。

定义指针型函数的语法格式如下：

```
类型说明符 *函数名(形参表)
{
    …               //函数体
}
```

其中，"函数名"前面添加了"*"号表示这是一个指针型函数，即返回值是一个指针。"类型说明符"表示了返回的指针值所指向的数据类型。

例如：

```
int *ap(int x,int y)
{
    …               //函数体
}
```

表示 ap 是一个返回指针值的指针型函数，它返回的指针指向一个整型变量。

【例 8-28】通过指针型函数，输入一个 1～7 之间的整数，输出对应的星期名，代码如下：

```
#include <stdio.h>
main()
{
  int i;
  char *day_name(int n);
  printf("input Day No:\n");
  scanf("%d",&i);
  if(i<0) exit(1);
  printf("Day No:%2d-->%s\n",i,day_name(i));
}
char *day_name(int n)
{
  static char *name[]={ "Illegal day",
                    "Monday",
                    "Tuesday",
                    "Wednesday",
                    "Thursday",
                    "Friday",
                    "Saturday",
                    "Sunday"};
  return((n<1||n>7) ? name[0] : name[n]);
}
```

运行结果为：

```
input Day No:
2
Day No: 2-->Tuesday
```

在上面实例中，定义了一个指针型函数 day_name()，它的返回值指向一个字符串。在该函数中又定义了一个静态指针数组 name。name 数组初始化赋值为 8 个字符串，分别表示各个星期名及出错提示。形参 n 表示与星期名所对应的整数。在 main()主函数中，把输入的整数 i 作为实参，在 printf 语句中调用 day_name()函数并把 i 的值传送给形参 n。day_name()函数中的 return 语句包含一个条件表达式，如果 n 的值大于 7 或小于 1，则把 name[0]指针返回 main()主函数，输出出错提示字符串"Illegal day"。否则返回 main()主函数，输出对应的星期名。main()主函数中的第 7 行是条件语句，其语义是，如果输入负数(i<0)则终止程序运行退出程序。exit()是一个库函数，exit(1)表示发生错误后退出程序，exit(0)表示正常退出程序。

应该特别注意的是，函数指针变量和指针型函数这两者在写法和意义上的区别。如 int(*p)()和 int *p()是两个完全不同的量。

int (*p)()是一个变量说明，说明 p 是一个指向函数入口的指针变量，该函数的返回值是整型量，(*p)两边的括号不能缺少。

int *p()不是变量说明而是函数说明，说明 p 是一个指针型函数，其返回值是一个指向整型量的指针，*p 两边没有括号。作为函数说明，在括号内最好写入形式参数，这样便于与变量说明进行区分。

对于指针型函数定义，int *p()只是函数头部分，一般还应该有函数体部分。

8.8 指针数组和指向指针变量的指针变量

8.8.1 指针数组的概念

一个数组的元素值为指针则是指针数组。指针数组是一组有序的指针的集合。指针数组的所有元素都必须是具有相同存储类型和指向相同数据类型的指针变量。

指针数组说明的语法格式如下：

```
类型说明符 *数组名[数组长度]
```

其中，"类型说明符"表示指针值所指向的变量的类型。

例如：

```
int *pa[3]
```

表示 pa 是一个指针数组，它有三个数组元素，每个元素值都是一个指针，指向整型变量。

【例 8-29】通常可以使用一个指针数组来指向一个二维数组。指针数组中的每个元素被赋予二维数组每一行的首地址，因此也可以理解为指向一个一维数组，代码如下：

```
#include <stdio.h>
main()
{
int a[3][3]={1,2,3,4,5,6,7,8,9};
int *pa[3]={a[0],a[1],a[2]};
int *p=a[0];
int i;
  for(i=0;i<3;i++)
     printf("%d,%d,%d\n",a[i][2-i],*a[i],*(*(a+i)+i));
  for(i=0;i<3;i++)
```

```
        printf("%d,%d,%d\n",*pa[i],p[i],*(p+i));
    }
```
运行结果为:
```
3,1,1
5,4,5
7,7,9
1,1,1
4,2,2
7,3,3
```

在上面实例中, pa 是一个指针数组, 三个元素分别指向二维数组 a 的各行, 再使用循环语句输出指定的数组元素。其中, *a[i]表示第 i 行第 0 列的元素值; *(*(a+i)+i)表示第 i 行第 i 列的元素值; *pa[i]表示第 i 行第 0 列的元素值; 由于 p 与 a[0]的值相同, 所以 p[i]表示第 0 行第 i 列的元素值; *(p+i)表示第 0 行第 i 列的元素值。读者可以仔细领会元素值的各种不同的表示方法。

应该注意指针数组和二维数组指针变量的区别, 这两者虽然都可以用来表示二维数组, 但是其表示方法和意义是不同的。

二维数组指针变量是单个的变量, 其"(*指针变量名)"两边的括号不可缺少。而指针数组类型表示的是多个指针 (一组有序指针), 在语法格式中"*指针数组名"两边不能有括号。

例如:
```
int (*p)[3];
```
表示一个指向二维数组的指针变量。该二维数组的列数为3或分解为一维数组的长度为3。
```
int *p[3];
```
表示 p 是一个指针数组, 有三个下标变量 p[0]、p[1]、p[2]均为指针变量。

指针数组也常用来表示一组字符串, 这时指针数组的每个元素被赋予一个字符串的首地址。指向字符串的指针数组的初始化更为简单。例如, 在例 8-28 中可以使用指针数组来表示一组字符串。其初始化赋值为:
```
char *name[]={"Illagal day",
              "Monday",
              "Tuesday",
              "Wednesday",
              "Thursday",
              "Friday",
              "Saturday",
              "Sunday"};
```
完成这个初始化赋值之后, name[0]即指向字符串"Illegal day", name[1]指向"Monday"....。指针数组也可以用作函数参数。

【例 8-30】有 5 本图书, 请按从小到大的字母顺序输出书名, 代码如下:
```
#include <stdio.h>
main()
    {   void sort( char *name[],int count);
        char *name[5]={"BASIC","FORTRAN","PASCAL","C","FoxBASE"};
        int i=0;
         sort(name,5);
        for(;i<5;i++)
            printf("%s\n",name[i]);
```

```
      }
void sort(char *name[],int count)
{ char  *p;
  int i,j,min;
  for(i=0;i<count-1;i++)
  { min=i;
    for(j=i+1;j<count;j++)
     if(strcmp(name[min],name[j])>0)
        min=j;
   if ( min!=i)
      { p=name[i];name[i]=name[min];
        name[min]=p; }
      }
   }
```

运行结果为：

```
BASIC
C
FORTRAN
FoxBASE
PASCAL
```

> **说明**：在以前的实例中使用了普通的排序方法，逐个比较之后交换字符串的物理位置。交换字符串的物理位置是通过字符串复制函数完成的。反复的交换将使程序执行的速度很慢，同时由于各字符串的长度不同，又增加了存储管理的负担。使用指针数组能够很好地解决这些问题。把所有的字符串存放在一个数组中，把这些字符数组的首地址放在一个指针数组中，当需要交换两个字符串时，只需交换指针数组相应两个元素的内容（地址）即可，而不必交换字符串本身。

在上面程序中，定义了一个名为 sort 的函数来完成排序，其形参为指针数组 name，即为待排序的各字符串数组的指针。形参 count 为字符串的个数。在 main()主函数中，定义了指针数组 name 并进行了初始化赋值。再调用 sort()函数完成排序并输出结果。值得说明的是，在 sort()函数中，使用 strcmp()函数对两个字符串进行比较，strcmp()函数允许参与比较的字符串以指针方式出现。name[min]和 name[j]均为指针，因此是合法的。字符串比较后需要交换时，只需交换指针数组元素的值，而不必交换具体的字符串，这样将会大大减少时间的开销，提高了程序的运行效率。

8.8.2 指向指针的指针变量

如果一个指针变量存放的是另一个指针变量的地址，则称这个指针变量为指向指针的指针变量。

在前文已经介绍过，通过指针访问变量称为间接访问。由于指针变量直接指向变量，所以称为"单级间址"，如图 8-15 所示。如果通过指向指针的指针变量来访问变量则构成"二级间址"，如图 8-16 所示。

图 8-15 单级间址   图 8-16 二级间址

从图 8-17 中可以看到，name 是一个指针数组，它的每一个元素是一个指针型数据，其值为地址。name 是一个数组，它的每一个元素都有相应的地址。数组名 name 表示该指针数组的首地址。name+1 是 name[1]的地址。name+1 就是指向指针型数据的指针（地址）。还可以设置一个指针变量 p，使它指向指针数组元素。p 就是指向指针型数据的指针变量。

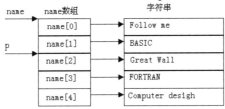

图 8-17 指向指针的指针

怎样定义一个指向指针型数据的指针变量呢？例如：

```
char **p;
```

p 前面有两个"*"，等价于*(*p)。显然*p 是指针变量的定义形式，如果没有最前面的*，则定义了一个指向字符数据的指针变量。现在它前面又有一个"*"，表示指针变量 p 是指向一个字符指针型变量的。*p 就是 p 所指向的另一个指针变量。

例如：

```
p=name+2;
printf("%o\n",*p);
printf("%s\n",*p);
```

第一条 printf 语句输出 name[2]的值（它是一个地址），第二条 printf 语句以字符串形式（%s）输出字符串"Great Wall"。

【例 8-31】使用指向指针的指针变量，代码如下：

```
#include <stdio.h>
main()
{char *name[]={"Follow me","BASIC","Great Wall","FORTRAN","Computer desighn"};
 char **p;
 int i;
 for(i=0;i<5;i++)
   {p=name+i;
    printf("%s\n",*p);
   }
}
```

运行结果为：

```
Follow me
BASIC
Great Wall
FORTRAN
Computer desighn
```

8.8.3 main()主函数的参数

在前文介绍中，main()主函数都是不带参数的。因此，main 后面的括号都是空括号。实际上，main()主函数可以带参数，这个参数可以认为是 main()主函数的形式参数。C 语言规定 main()主函数的参数只能有两个，习惯将这两个参数写为 argc 和 argv。因此，main()主函数的函数头可写为：

```
main (argc,argv)
```

C 语言还规定 argc（第一个形参）必须是整型变量，argv（第二个形参）必须是指向字符串的指针数组。加上形参说明后，main()主函数的函数头应该写为：

```
main (int argc,char *argv[])
```

由于 main()主函数不能被其他函数调用，因此不可能在程序内部取得实际值。那么，在何处把实参值赋予 main()主函数的形参呢？实际上，main()主函数的参数值是从操作系统命令行上获得的。当我们要运行一个可执行文件时，在 DOS 提示符下输入文件名，再输入实际参数即可把这些实参传送到 main()主函数的形参中去。

DOS 提示符下命令行的语法格式如下：

```
C:\>可执行文件名  参数  参数…;
```

需要注意的是，main()主函数的两个形参和命令行中的参数在位置上不是一一对应的。因为，main()主函数的形参只有两个，而命令行中的参数个数原则上未加限制。argc 参数表示了命令行中参数的个数（文件名本身也可以作为一个参数），argc 的值是在输入命令行时由系统按实际参数的个数自动赋予的。

例如，有命令行为：

```
C:\>E24  BASIC  foxpro  FORTRAN
```

由于文件名 E24 本身也作为一个参数，所以共有 4 个参数，因此 argc 获得的值为 4。argv 参数是字符串指针数组，其各元素值为命令行中各字符串（参数均按字符串处理）的首地址。指针数组的长度即为参数个数。数组元素初值由系统自动赋予，其表示如图 8-18 所示。

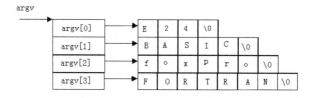

图 8-18　argv 指针数组

【例 8-32】显示命令行中输入的参数，代码如下：

```
#include <stdio.h>
main(int argc,char *argv[])
{
  while(--argc)
    printf("%s\n",*++argv);
}
```

如果上面实例的可执行文件名为 8_32.exe，存放在 E 盘驱动器内，输入的命令为：

```
E:\C 语言例题\第 8 章\Debug>8_32 this is a string
```

则运行结果为:

```
this
is
a
string
```

该行共有 5 个参数,当执行 main()主函数时, argc 的初值为 5。argv 的 5 个元素分别为 5 个字符串的首地址。执行 while 语句,每循环一次 argc 值减 1,当 argc 等于 0 时停止循环,共循环 4 次,因此共输出 4 个参数。在 printf()函数中,由于输出项"*++argv"是先加 1 再输出,所以第 1 次输出的是 argv[1]所指的字符串 this。第 2 次、第 3 次、第 4 次循环分别输出后面 3 个字符串。而参数 8_32 是文件名,不必输出。

8.9　有关指针的数据类型和指针运算的总结

8.9.1　有关指针的数据类型的总结

指针数据类型及其说明如表 8-1 所示。

表 8-1　指针数据类型及其说明

定　　义	说　　明
int i;	定义整型变量 i
int *p	p 为指向整型数据的指针变量
int a[n];	定义整型数组 a, 它有 n 个元素
int *p[n];	定义指针数组 p, 它由 n 个指向整型数据的指针元素组成
int (*p)[n];	p 为指向包含 n 个元素的一维数组的指针变量
int f();	f 为返回整型函数值的函数
int *p();	p 为返回一个指针的函数, 该指针指向整型数据
int (*p)();	p 为指向函数的指针, 该函数返回一个整型值
int **p;	P 为一个指针变量, 它指向一个指向整型数据的指针变量

8.9.2　有关指针运算的总结

现在把全部指针运算列出如下。

(1)指针变量加(减)一个整数。

例如:

```
p++、p--、p+i、p-i、p+=i、p-=i
```

一个指针变量加(减)一个整数并不是简单地将原值加(减)一个整数,而是将该指针变量的原值(一个地址)和它指向的变量所占用的内存单元字节数进行加(减)运算。

(2)指针变量赋值:将一个变量的地址赋给一个指针变量。

例如:

```
p=&a;           //将变量 a 的地址赋给 p
p=array;        //将数组 array 的首地址赋给 p
p=&array[i];    //将数组 array 第 i 个元素的地址赋给 p
```

```
p=max;            //max 为已定义的函数，将 max 的入口地址赋给 p
p1=p2;            //p1 和 p2 都是指针变量，将 p2 的值赋给 p1
```

不能写为：

```
p=1000;
```

（3）指针变量可以有空值，即该指针变量不指向任何变量。

例如：

```
p=NULL;
```

（4）两个指针变量可以相减：如果两个指针变量指向同一个数组的元素，则两个指针变量值之差是两个指针之间的元素个数。

（5）两个指针变量比较：如果两个指针变量指向同一个数组的元素，则两个指针变量可以进行比较。指向前面的元素的指针变量"小于"指向后面的元素的指针变量。

8.9.3 void 指针类型

ANSI 新标准增加了一种 void 指针类型，即可以定义一个指针变量，但不指定它是指向哪一种类型数据。

例如：

```
void *p;
```

> **注意**：在使用 void 时要进行强制类型转换。

8.10 常见错误

1. 对指针变量赋予非指针值

例如：

```
int i,* p ;
p = i ;
```

由于 i 是整型，而 p 是指向整型的指针，它们的类型并不相同，p 要求是一个指针值，即一个变量的地址，因此应该写为 p = &i 。

2. 使用指针之前没有让指针指向确定的存储区

例如：

```
char * str ; scanf("%s",str);
```

这里 str 没有具体的指向，接收的数据是不可控制的。需要注意的是，指针不是数组，上面的语句可改为：

```
char c[80],*str ; str = c ;
scanf("%s",str);
```

3. 向字符数组赋字符串

由于看到字符指针指向字符串的写法，如" char * str;str = "This is a string";"，就以为字符数组也可以如此，写为" char s[80] ;s = "This is a string";"是错误的。

C 语言不允许同时操作整个数组的数据，这时，用户可以使用字符串复制函数：

```
strcpy(s,"This is a string");
```

4. 指针进行非法操作

例如:

```
int * p,* r,* x ;
x - (p + r) / 2;
```

由于 r 和 p 都是指针,它们不能相加。

5. 指针超越数组范围

例如:

```
int a[10],i,* p ;
p = a ;
for (i = 0; i < 10; i + + ) { scanf("%d",p); p ++ ;}
for (i = 0; i < 10; i + + ) {printf("%d",*p) ;p ++ ; }
```

第 1 个 for 循环使指针 p 移出了数组 a 的范围,第 2 个 for 循环使指针 p 始终处在数组 a 之外。当使用指针操作数组元素时,应该随时注意不要让指针越界。

6. 指向不同类型的指针一起操作

例如:

```
int * ipt;
float *fpt ;
if (ipt-fpt > 0)
```

由于 fpt 和 ipt 指向不同类型的数据,它们之间根本不能一起进行运算,所以这是错误的。

课后习题

一、选择题

1. 有以下程序:

```
char s[]="china";char *p; p=s;
```

下面叙述正确的是_____。

A. s 和 p 完全相同

B. 数组 s 中的内容和指针变量 p 中的内容相等

C. 数组 s 的长度和 p 所指向的字符串长度相等

D. *p 与 s[0]相等

2. 有语句 "int *point,a=4;" 和 "point=&a;",下面均表示地址的一组选项是_____

A. a,point,*&a   B. &*a,&a,*point

C. *&point,*point,&a   D. &a,&*point,point

3. 下面程序执行后的输出结果是_____。

```
void func(int *a,int b[])
{ b[0]=*a+6; }
main()
{ int a,b[5];
a=0; b[0]=3;
func(&a,b); printf("%d\n",b[0]);
}
```

A. 6   B. 7   C. 8   D. 9

4. 已定义以下函数：

```
fun(char *p2, char *p1)
{ while((*p2=*p1)!='\0'){p1++;p2++;}
}
```

函数的功能是_____。

    A. 将 p1 所指字符串复制到 p2 所指内存空间

    B. 将 p1 所指字符串的地址赋给指针 p2

    C. 对 p1 和 p2 两个指针所指字符串进行比较

    D. 检查 p1 和 p2 两个指针所指字符串中是否有'\0'

5. 有以下程序：

```
void ss(char *s,char t)
{ while(*s)
{ if(*s==t)*s=t-'a'+'A';
s++;
}
}
main()
{ char str1[100]="abcddfefdbd",c='d';
ss(str1,c);
printf("%s\n",str1);
}
```

程序运行后的输出结果是_____。

    A. ABCDDEFEDBD   B. abcDDfefDbD

    C. abcAAfefAbA   D. Abcddfefdbd

6. 下面说明不正确的是_____。

    A. char a[10]="china";   B. char a[10],*p=a;p="china"

    C. char *a;a="china";   D. char a[10],*p;p=a="china"

7. 设有定义 "int n=0,*p=&n,**q=&p,"，则下面选项中正确的赋值语句是_____。

    A. p=1;   B. *q=2;   C. q=p;   D. *p=5;

8. 执行下面程序后，a、b 的值分别为_____。

```
main()
{ int a,b,k=4,m=6,*p1=&k,*p2=&m;
a=p1==&m;
b=(*p1)/(*p2)+7;
printf("a=%d\n",a);
printf("b=%d\n",b);
}
```

    A. -1,5   B. 1,6   C. 0,7   D. 4,10

9. 假设以下程序经过编译和连接后生成可执行文件 PROG.EXE，如果在可执行文件所在目录的 DOS 提示符下输入：PROG ABCDEFGH IJKL<Enter>，则输出结果为_____。

```
main( int argc, char *argv[])
{ while(--argc>0)
printf("%s",argv[argc]);
printf("\n");
}
```

    A．ABCDEFG   B．IJHL

    C．ABCDEFGHIJKL   D．IJKLABCDEFGH

10．下面程序有错，错误的原因是_____。

```
main()
{ int *p,i;char *q,ch;
p=&i;
q=&ch;
*p=40;
*p=*q;
......
}
```

    A．p 和 q 的类型不一致，不能执行"*p=*q;"语句

    B．*p 中存放的是地址值，因此不能执行"*p=40;"语句

    C．q 没有指向具体的存储单元，所以*q 没有实际意义

    D．q 虽然指向了具体的存储单元，但该存储单元中没有确定的值，所以执行"*p=*q;"
       没有意义，可能会影响后面语句的执行结果

11．下面程序的运行结果是_____。

```
char a[]="language",*p;
p=a;
while(*p!='u'){printf("%c",*p-32);p++;}
```

    A．LANGUAGE   B．language   C．LAN   D．langUAGE

12．有以下语句，对 a 数组元素的引用不正确的是（0≤i≤9）_____。

```
int a[10]={0,1,2,3,4,5,6,7,8,9},*p=a;
```

    A．a[p-a]   B．*(&a[i])   C．p[i]   D．*(*(a+i))

13．fun()函数的返回值是_____。

```
fun(char *a,char *b)
{ int num=0,n=0;
while(*(a+num)!='\0') num++;
while(b[n]) { *(a+num)=b[n]; num++;n++; }
return num;
}
```

    A．字符串 a 的长度   B．字符串 b 的长度

    C．字符串 a 和 b 的长度之差   D．字符串 a 和 b 的长度之和

14．下面程序的运行结果是_____。

```
main()
{ int a[5]={2,4,6,8,10},*p,**k;
p=a;
k=&p;
printf("%d",*(p++));
printf("%d\n",**k);
}
```

    A．4   B．22   C．24   D．46

15．下面叙述正确的是_____。

    A．"char *a="china";"等价于"char *a;*a="china";"

    B．"char str[5]={"china"};"等价于"char str[]={"china"};"

C．"char *s="china";"等价于"char *s;s="china";"

D．"char c[4]="abc",d[4]="abc";"等价于"char c[4]=d[4]="abc";"

16．在以下定义中，标识符 prt int(*prt)[3]_____。

    A．定义不合法

    B．是一个指针数组名，每个元素都是一个指向整数变量的指针

    C．是一个指针，它指向一个具有三个元素的一维数组

    D．是一个指向整型变量的指针

17．有以下说明语句：

```
int a[10]={1,2,3,4,5,6,7,8,9,10},*p=a;
```

下面选项数值为 9 的表达式是_____。

    A．*p+9   B．*(p+8)   C．*p+=9   D．p+8

18．设有定义"char *st= "how are you";"，则下面程序中正确的是_____。

    A．char a[11], *p; strcpy(p=a+1,&st[4]);

    B．char a[11]; strcpy(++a, st);

    C．char a[11]; strcpy(a, st);

    D．char a[], *p; strcpy(p=&a[1],st+2);

19．下面程序的运行结果是_____。

```
void fun(int *a, int *b)
{ int *k;
k=a; a=b; b=k;
}
main()
{ int a=3, b=6, *x=&a, *y=&b;
fun(x,y);
printf("%d %d", a, b);
}
```

    A．6 3   B．3 6   C．编译出错   D．0 0

20．有以下说明语句：

```
char a[]="It is mine";
char *p="It is mine";
```

下面叙述不正确的是_____。

    A．a+1 表示字符 t 的地址

    B．当 p 指向另外的字符串时，字符串的长度不受限制

    C．在 p 变量中存放的地址值可以改变

    D．字符数组 a 只能存放 10 个字符

21．下面程序的运行结果是_____。

```
sub(int x,int y,int *z)
{ *z=y-x; }
main()
{ int a,b,c;
sub(10,5,&a);
sub(7,a,&b);
sub(a,b,&c);
printf("M,M,M\n",a,b,c);
```

```
    }
```

A. 5,2,3　　　　B. –5,–12,–7　　　　C. –5,–12,–17　　　　D. 5,–2,–7

22. 有以下程序：

```
int a[12]={0},*p[3],**pp,i;
for(i=0;i<3;i)
p[i]=&a[i*4];
pp=p;
```

对数组元素的错误引用是＿＿＿＿＿＿。

A. pp[0][1]　　　B. a[10]　　　C. p[3][1]　　　D. *(*(p+2)+2)

23. 下面程序的运行结果是＿＿＿＿＿＿。

```
#include
#include
main()
{ char *p1="abc",*p2="ABC",str[50]= "xyz";
strcpy(str+2,strcat(p1,p2));
printf("%s\n",str);
}
```

A. xyzabcABC　　B. zabcABC　　C. xyabcABC　　D. yzabcABC

24. 有以下程序：

```
main()
{ char ch[2][5]={"6937","8254"},*p[2];
int i,j,s=0;
for(i=0;i<2;i++)
p[i]=ch[i];
for(i=0;i<2;i++)
for(j=0;p[i][j]>'\0';j+=2)
s=10*s+p[i][j]-'0';
printf("%d\n",s);
}
```

该程序的运行结果是＿＿＿＿＿＿。

A. 69825　　　B. 63825　　　C. 6385　　　D. 693825

25. 阅读下面程序，其运行结果是＿＿＿＿＿＿。

```
#include "stdio.h"
#include "string.h"
char *find(char (*a)[10],int n)
{ char *q; int i;
q=a[0];
for(i=0;i<n;i++)
if(strcmp(a[i],q)<0)
q=a[i];
return q;
}
main()
{ char s[10][ 10]={"tomeetme","you","and","he","china"};
char *p;
int n=5,i;
p=find(s,n);
puts(p);
}
```

A. he　　　　B. and　　　　C. you　　　　D. tomeetme

26. 下面关于指针变量赋空值的说法错误的是_____。

    A. 当赋空值时，变量指向地址为 0 的存储单元

    B. 赋值语句可以表达为"变量名='\0';"

    C. 赋值语句可以表达为"变量名=0;"

    D. 一个指针变量可以被赋空值

27. 下面函数的功能是_____。

```
char *fun(char *str1,char*str2)
{ while((*str1)&&(*str2++=*str1++));
return str2;
}
```

    A. 求字符串的长度　　　　　　　　B. 比较两个字符串的大小

    C. 将字符串 str1 复制到字符串 str2 中　D. 将字符串 str1 接续到字符串 str2 中

28. 下面程序段输出"*"的个数是_____。

```
char *s="\ta\018bc";
for(;*s!='\0';s++)printf("*");
```

    A. 9　　　　　　　B. 5　　　　　　　C. 6　　　　　　　D. 7

29. 有以下程序：

```
#include
main()
{ char *p="abcde\0fghjik\0 ";
printf("%d\n ",strlen(p));
}
```

该程序的运行结果是_____。

    A. 12　　　　　　　B. 15　　　　　　　C. 6　　　　　　　D. 5

30. 已知"char **t;"，变量 t 是_____。

    A. 指向 char 变量的指针　　　　　　B. 指向指针的 char 变量

    C. 指向指针的指针　　　　　　　　D. 以上说法都不对

二、填空题

1. 设有以下定义和语句：

```
int a[3][2]={10, 20, 30, 40, 50, 60}, (*p)[2];
p=a;
```

则*(*(p+2)+1)的值为_____。

2. 下面函数用来在 w 数组中插入 x。n 所指向的存储单元存放 w 数组中字符的个数。w 数组中的字符已按从小到大的顺序排列，插入后 w 数组中的字符仍有序排列。请填空。

```
void fun(char *w, char x, int *n)
{ int i, p;
p=0;
w[*n]= x;
while(x > w[p]) p++;
for(i=*n; i>p; i--) w[i]=_____;
w[p]=x;
++*n;
}
```

3. 在下面程序中，select()函数的功能是在 3 行 3 列的二维数组中，选出一个最大值作为函数值返回，并通过形参传回此最大值所在的行下标。请填空。

```
select(int a[3][3],int *n)
{ int i,j,row=1,colum=1;
for(i=0;i<3;i++)
for(j=0;j<3;j++)
if(a[i][j]>a[row][colum])
    { row=i;colum=j; }
    *n=_____;
    return_____;
    }
main()
{ int a[3][3]={9,11,23,6,1,15,9,17,20},max,n;
max=select(a,&n);
printf("max=%d,line=%d\n",max,n);
    }
```

4. my_cmp()函数的功能是比较字符串 s 和 t 的大小，当 s=t 时返回 0，否则返回 s 和 t 的第一个不同字符的 ASCII 码差值，当 s＞t 时返回正值，当 s＜t 时返回负值。请填空。

```
my_cmp(char *s, char *t)
{ while (*s == *t)
{ if (*s == '\0') return 0;
++s; ++t;
}
return_____;
}
```

5. 下面程序的功能是指针 p 所指向的地址的 n 个数中，求出最大值和最小值，请填空。

```
fun(int *p,int n)
{ int *q;
int max,min;
max=min=*p;
for(q=p;_____;q++)
if(_____) max=*q;
else if(_____) min=*q;
}
```

6. 下面程序的功能是对字符串从小到大进行排列并输出结果。请填空。

```
sort(char *a[],int n)
{ int i,j;
char *p;
for(j=1;j<=n-1;j++)
    for(i=0;_____;i++)
    if(_____>0)
{ p=a[i];
a[i]=a[i+1];
a[i+1]=p;
}
}
main()
{ int i;
char *book[]={"it is me","it is you","how are you","fine","goodnight","goodbye"};
sort(_____);
for(i=0;i<6;i++)
printf("%s\n",book[i]);
```

```
    }
```

7. 阅读下面程序，使程序的输出结果为 30，4.000 000。请填空。

```
#include "stdio.h"
main()
{ int a=30,b=40,c;
double_____,s;
s=fun(&a,&b,&c);
printf("%d,%lf\n",c,s);}
double fun(int *a,int *b,_____)
{ *c=*a%*b;
return(4.0);
}
```

8. mystrlen()函数的功能是计算 str 所指字符串的长度，并作为函数值返回。请填空。

```
int mystrlen(char *str)
{ int i;
  for(i=0;_____!= '\0';i++);
  return(i);
}
```

9. 设有定义 "int a[3][5],i,j;"（且 0≤i<3,0≤j<5），a 数组中任意一个元素可以使用 5 种形式引用。请填空

```
(1)a[i][j]
(2)*(a[i]+j)
(3)*(*_____);
(4)(*(a+i))[j]
(5)*(____+5*i+j)
```

10. 下面程序的功能是将两个字符串 s1 和 s2 连接起来。请填空。

```
#include<stdio.h>
main()
{char s1[80],s2[80];
 gets(s1); gets(s2);
 conj(s1,s2);
 puts(s1);
}
conj(char *p1,char *p2)
  {char *p=p1;
  while(*p1)_____;
  while(*p2){*p1=_____;p1++;p2++;}
  *p1='\0';
  _____;
}
```

三、编程题

1. 输入 3 个整数，按由小到大的顺序输出。

2. 已知一个整型数组 x[4]，它的各元素值分别为 3、11、8 和 22。使用指针表示法编写程序，求该数组各元素之积。

3. 输入 10 个整数，将其中最小的数与第一个数交换，把最大的数与最后一个数交换。

4. 将 n 个数按输入顺序逆序排列。

5. 要求从键盘为 y[4][4]数组输入数据，使用一维数组指针变量输入/输出数组元素，并且分别求出主、次对角线元素之和。

6．编写一个程序，将一个字符串插入另一个字符串的指定位置。

7．编写一个程序，用指针操作将一个一维数组中的 n 个整数进行以下处理：顺序将前面各数后移 m 个位置，使最后面的 m 个数变成最前面的 m 个数。例如，有 5 个数 1、3、5、7、9，顺序后移两个位置后变成 7、9、1、3、5。

8．编写一个程序，使用指针操作将一个矩阵转置，即二维数组 a 的转置矩阵 b 满足下列条件：b 的行就是 a 的列。

第 9 章

自定义数据类型

9.1 结构体类型

9.1.1 定义一个结构的语法格式

一辆白色的车牌号为鲁 A00001 的奔驰轿车以 80km/h 的速度行驶。在这里由车牌、车名、型号、车速共同构成了对一辆轿车的描述，在数据处理中，这 4 个属性应该当作一个整体来处理。显然不能使用一个数组来存放这一组数据。因为数组中各元素的类型和长度都必须一致，以便于编译系统处理。而使用单个变量分别表示各个属性，又难以反映出它们的内在联系。为了解决这个问题，C 语言提供了一种构造数据类型——"结构（structure）"，又称为"结构体"。它相当于其他高级语言中的记录。"结构"是一种构造类型，它是由若干"成员"组成的。每一个成员可以是一个基本数据类型或是一个构造类型。结构是一种"构造"而成的数据类型，在说明和使用之前必须先定义它，也就是构造它。如同在说明和调用函数之前要先定义函数一样。

定义一个结构的语法格式如下：

```
struct 结构体名
{
数据类型 1 成员名 1;
数据类型 2 成员名 2;
…
数据类型 n 成员名 n;
};
```

其中，struct 是 C 语言的关键字，它表示进行结构类型的定义，最后的分号表示结构类型定义的结束，结构体成员的类型可以是 C 语言所允许的任何数据类型。例如：

```
struct stu
{
    int num;
    char name[20];
    char sex;
    float score;
};
```

在这个结构定义中，结构名为 stu，该结构由 4 个成员组成。第 1 个成员为 num，整型变量；第 2 个成员为 name，字符数组；第 3 个成员为 sex，字符变量；第 4 个成员为 score，实型变量。需要注意的是，在花括号后面的分号是不可缺少的。结构定义之后，即可进行变量说明。凡说明为结构 stu 的变量都由上述 4 个成员组成。由此可见，结构是一种复杂的数据类型，也是数目固定、类型不同的若干有序变量的集合。

结构体类型有以下 5 个特点。

（1）定义一个结构体类型，系统不会为其分配内存单元。定义一个结构体类型只是表示这个类型的结构，即告诉系统它由哪些类型的成员构成，各占多少字节，各按什么形式存储，并把它们当作一个整体来处理。

（2）结构体类型由多个成员组成，成员的数据类型可以是整型、实型、字符型、数组，也可以是另一个已经定义的结构体类型。

（3）结构体类型是根据用户的需要来组合的。

（4）结构体类型系统没有预先定义，当需要使用结构体类型数据时，用户都必须自己在程序中定义。

（5）已经定义的某种结构体类型可以作为一种数据类型，用来定义变量、数组、指针，这时才会给定义的变量、数组、指针分配内存单元。

9.1.2　结构体变量的定义

定义结构体变量有以下 3 种方法，以上面定义的 stu 为例进行说明。

1．先定义结构，再定义结构体变量

例如：

```
struct stu
{
    int num;
    char name[20];
    char sex;
    float score;
};
struct stu boy1,boy2;
```

定义了两个变量 boy1 和 boy2 为 stu 结构类型。也可以使用宏定义使一个符号常量来表示一个结构类型。例如：

```
#define STU struct stu
STU
{
    int num;
    char name[20];
    char sex;
    float score;
};
STU boy1,boy2;
```

2．在定义结构类型的同时定义结构体变量

例如：

```
struct stu
{
    int num;
```

```
    char name[20];
    char sex;
    float score;
}boy1,boy2;
```

这种形式的定义的语法格式如下：

```
struct 结构名
{
成员表列
}变量名表列;
```

3. 直接定义结构体变量

例如：

```
struct
{
    int num;
    char name[20];
    char sex;
    float score;
}boy1,boy2;
```

这种形式的定义的语法格式如下：

```
struct
{
成员表列
}变量名表列;
```

第 3 种方法与第 2 种方法的区别在于第 3 种方法中省略了结构类型名，而直接给出结构体变量。在这 3 种方法中定义的 boy1、boy2 变量都具有如图 9-1 所示的结构。

num
name
sex
score

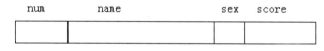

图 9-1　结构体成员

定义了 boy1、boy2 变量为 stu 类型后，即可向这两个变量中的各个成员赋值。在上述 stu 结构定义中，所有的成员都是基本数据类型或数组类型。

成员也可以又是一个结构类型，即构成了嵌套的结构体。例如，图 9-2 给出了另一个数据结构。

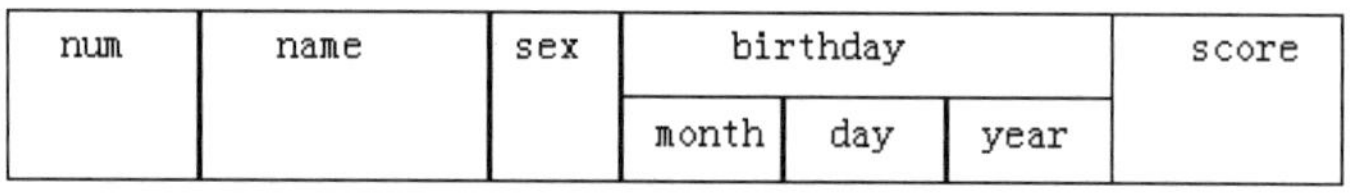
num
name
sex
birthday
month
day
year
score

图 9-2　嵌套的结构体

按图 9-2 可以给出以下结构定义：

```
struct date
{
    int month;
    int day;
    int year;
};
struct{
```

```
    int num;
    char name[20];
    char sex;
    struct date birthday;
    float score;
}boy1,boy2;
```

首先定义一个结构类型 date，由 month（月）、day（日）、year（年）3 个成员组成。在定义结构并定义变量 boy1 和 boy2 时，其中的成员 birthday 被定义为 date 结构类型。成员名可与程序中其他变量同名，互不干扰。

9.1.3 结构体变量成员的引用

在程序中使用结构体变量时，往往不把它作为一个整体来使用。在 ANSI C（美国国家标准协会对 C 语言发布的标准）中除允许具有相同类型的结构体变量相互赋值外，一般对结构体变量的使用，包括赋值、输入、输出、运算等都是通过结构体变量的成员来实现的。

表示结构体变量成员的语法格式如下：

```
结构体变量名.成员名
```

例如：

```
boy1.num         //第 1 个人的学号
boy2.sex         //第 2 个人的性别
```

如果成员本身又是一个结构，则必须逐级找到最低级的成员才能使用。

例如：

```
boy1.birthday.month
```

即第 1 个人出生的月份成员可以在程序中单独使用，与普通变量完全相同。

【例 9-1】结构体变量成员的引用，代码如下：

```
#include<string.h>
#include<stdio.h>
struct stu
    {
        int num;
        char name[20];
        char sex;
        float score[3];
    };
main()
{
struct stu stu1;
stu1.num=1001;
strcpy(stu1.name,"zhangsan");
stu1.sex='f';
stu1.score[0]=89;
stu1.score[1]=94;
stu1.score[2]=86;
printf("num=%d name=%s sex=%c\n",stu1.num,stu1.name,stu1.sex);
printf("score1=%f    score2=%f    score3=%f\n",stu1.score[0],    stu1.score[1],
stu1.score[2]);
    }
```

运行结果为：

```
num=1001 name=zhangsan sex=f
score1=89.000000 score2=94.000000 score3=86.000000
```

说明:

(1)对最低一级成员,可以像同类型的普通变量一样,进行相应的各种运算。

(2)只能对结构体变量的各成员进行输入/输出,不能将一个结构体变量直接进行输入/输出。

例如:

```
    scanf("%s,%s,%s,%d,%d,%d",&stu1);        //错误
    printf("%s,%s,%s,%d,%d,%d",stu1);         //错误
    scanf("%s",stu1.name);                    //正确
    scanf("%d",&stu1.birthday.day);           //正确
    printf("%s,%d",stu1.name,stu1.birthday.day); //正确
```

(3)成员和结构体变量的地址均可以被引用。例如:

```
    scanf("%s",stu1. name);                   //输入 stu1. name 的值
    printf("%x",&stu1);                       //以十六进制形式输出 stu1 的首地址
```

9.1.4 结构体变量的初始化

结构体变量初始化的语法格式与一维数组初始化的语法格式相似:

结构体变量={ 初值表 }

注意:初值的数据类型,应该与结构体变量中相应成员所要求的一致,否则会出错。

【例 9-2】对结构体变量初始化,代码如下:

```
#include<string.h>
struct stu
{
  int num;
  char *name;
  char sex;
  float score;
}boy2,boy1={1001,"Zhang ping",'M',78.5};
main()
{
boy2=boy1;
 printf("Number=%d\nName=%s\n",boy2.num,boy2.name);
 printf("Sex=%c\nScore=%f\n",boy2.sex,boy2.score);
}
```

运行结果为:

```
Number=1001
Name=Zhang ping
Sex=M
Score=78.500000
```

在本实例中,boy2、boy1 均被定义为外部结构变量,并对 boy1 进行了初始化赋值。在 main()主函数中,把 boy1 的值整体赋予 boy2,再使用两条 printf 语句输出 boy2 各成员的值。

关于结构体类型的几点说明如下。

（1）结构体类型与结构体变量是两个不同的概念。先定义结构体类型，再定义该类型的变量。在编译时，对变量分配内存空间，对类型来说不存在分配内存空间。结构体变量可以进行赋值、存取或运算等操作，而结构体类型没有这些操作。

（2）结构体中的成员名可以与程序中的其他变量同名，它们代表不同的对象，互不干扰。对结构体中的成员可以单独使用。

（3）不可以将两个结构体变量进行关系比较。

```
struct temp
  { int a;
    char ch;
  } x1, x2;
main( )
  { x1.a=10;
    x2.ch='a';
    if( x1= =x2 )      //非法语句
    …
  }
```

（4）可以把一个结构体变量赋给另一个同类型的结构体变量。

```
struct temp
  { int a;
    char ch;
  } x1, x2;
main( )
{ x1.a=10;
  x1.ch='a';
  x2=x1;             //把结构体变量 x1 的值赋给结构体变量 x2
  printf("%d, %c", x2. a, x2.ch);
```

（5）结构体类型的变量在内存中占用一段连续的存储单元。占用连续存储单元的大小取决于成员的数据类型。例如：

```
struct temp
  { int a;
    char ch;
  } x1, x2;
```

结构体变量 x1、x2 在内存中共占用 5 字节的连续存储单元。

（6）可以通过 sizeof(x)运算符获得结构体变量占用的内存大小。

【例 9-3】结构体变量占用内存大小，代码如下：

```
#include<string.h>
struct exp
{ int a;
  float b;
  char ch[8];
} x;
main( )
{ int size;
  size=sizeof(x);
  printf("size=%d\n", size);
}
```

运行结果为:

```
size=16
```

9.1.5 结构体数组

数组的元素也可以是结构体类型。因此可以构成结构体数组。结构体数组的每一个元素都是具有相同结构类型的下标结构变量。在实际应用中,经常使用结构体数组来表示具有相同数据结构的一个群体。例如,一个班的学生档案、一个车间职工的工资表等。

方法和结构体变量相似,只需说明它是数组类型即可。

例如:

```
struct stu
{
    int num;
    char *name;
    char sex;
    float score;
}boy[5];
```

上面实例定义了一个结构体数组 boy,共有 5 个元素,boy[0]~boy[4]。每个数组元素都具有 struct stu 的结构形式。对结构体数组可以进行初始化赋值。

例如:

```
struct stu
{
    int num;
    char *name;
    char sex;
    float score;
}boy[5]={
        {101,"Li ping","M",45},
        {102,"Zhang ping","M",62.5},
        {103,"He fang","F",92.5},
        {104,"Cheng ling","F",87},
        {105,"Wang ming","M",58};
        }
```

当对全部元素进行初始化赋值时,也可以不给出数组长度。

【例 9-4】计算学生的平均成绩和不及格的人数,代码如下:

```
#include<stdio.h>
struct stu
{
    int num;
    char *name;
    char sex;
    float score;
}boy[5]={
        {101,"Li ping",'M',45},
        {102,"Zhang ping",'M',62.5},
        {103,"He fang",'F',92.5},
        {104,"Cheng ling",'F',87},
        {105,"Wang ming",'M',58},
        };
```

```
main()
{
    int i,c=0;
    float ave,s=0;
    for(i=0;i<5;i++)
    {
      s+=boy[i].score;
      if(boy[i].score<60) c+=1;
    }
    printf("s=%f\n",s);
    ave=s/5;
    printf("average=%f\ncount=%d\n",ave,c);
}
```

运行结果为：

```
s=345.000000
average=69.000000
count=2
```

在上面程序中定义了一个外部结构数组 boy，共有 5 个元素，并进行了初始化赋值。在 main()主函数中使用 for 语句逐个累加各元素的 score 成员值存放在变量 s 中，如果 score 的值小于 60（不及格）则计数器 c 加 1，循环完毕后计算平均成绩，并输出全班总分、平均分及不及格人数。

【例 9-5】统计候选人选票，代码如下：

```
#include<stdio.h>
#include<string.h>
struct person
{   char name[20];
    int count;
};
main()
{    struct person leader[3]={"Li",0,"Zhang",0,"Wang",0};
int i,j;  char   leader_name[20];
    for(i=1;i<=10;i++)
    {   scanf("%s",leader_name);
        for(j=0;j<3;j++)
    if(strcmp(leader_name,leader[j].name)==0)
        leader[j].count++;
    }
    for(i=0;i<3;i++)
      printf("%5s:%d\n",leader[i].name,leader[i].count);
}
```

运行结果为：

```
li
zhang
wang
Li
Zhang
Li
Zhang
Li
Zhang
Wang
Li:3
```

```
Zhang:3
Wang:1
```

在上面程序中定义了一个类型 person，它有两个成员 name 和 count 用来表示姓名和票数。在 main()主函数中定义 leader 为具有 person 类型的结构体数组。在 for 语句中，使用 scanf 语句输入候选人的姓名，并和数组中候选人的姓名进行比较，在对应候选人的票数上加 1。最后在 for 语句中使用 printf 语句输出各候选人的姓名和票数。

9.1.6 结构体指针变量的定义和使用

1. 指向结构体变量的指针变量

一个指针变量当用来指向一个结构体变量时称为结构体指针变量。结构体指针变量中的值是所指向的结构体变量的首地址。通过结构体指针即可访问该结构体变量，这与数组的指针和函数的指针是相同的。

结构体指针变量定义的语法格式如下：

```
struct 结构体名 *结构体指针变量名;
```

例如，在前面的例题中定义了 struct stu 结构体，想要说明一个指向 struct stu 类型的指针变量 pstu，可以写为：

```
struct stu *pstu;
```

当然也可以在定义 struct stu 结构体时同时说明 pstu。与前面讨论的各类指针变量相同，结构体指针变量也必须要先赋值后才能使用。

赋值是把结构体变量的首地址赋予该指针变量，不能把结构体名赋予该指针变量。如果 boy 是被说明为 struct stu 类型的结构体变量，则 pstu=&boy 是正确的，而 pstu=&stu 是错误的。

结构体名和结构体变量是两个不同的概念，不能混淆。结构体名只能表示某种结构体，编译系统并不对它分配内存空间。只有当某结构体变量被定义为这种类型时，才对该结构体变量分配内存空间。因此上面&stu 这种写法是错误的，不可能去取某种结构体的首地址。有了结构体指针变量，就能更方便地访问结构体变量的各个成员。

其访问的语法格式如下：

```
(*结构体指针变量).成员名
```

或者：

```
结构体指针变量-> 成员名
```

例如：

```
(*pstu).num
```

或者：

```
pstu->num
```

需要注意的是(*pstu)两侧的括号不可缺少，因为成员符的优先级高于*运算符，如果去掉括号写为*pstu.num，则等价于*(pstu.num)，意义就完全不同了。

下面通过实例来说明结构体指针变量的具体定义和使用方法。

【例 9-6】结构体指针变量的使用，代码如下：

```
#include<stdio.h>
```

```
struct stu
    {
        int num;
        char *name;
        char sex;
        float score;
    } boy1={102,"Zhang ping",'M',78.5},*pstu;
main()
{
    pstu=&boy1;
    printf("Number=%d\nName=%s\n",boy1.num,boy1.name);
    printf("Sex=%c\nScore=%f\n",boy1.sex,boy1.score);
    printf("Number=%d\nName=%s\n",(*pstu).num,(*pstu).name);
    printf("Sex=%c\nScore=%f\n",(*pstu).sex,(*pstu).score);
    printf("Number=%d\nName=%s\n",pstu->num,pstu->name);
    printf("Sex=%c\nScore=%f\n",pstu->sex,pstu->score);
}
```

运行结果为：

```
Number=102
Name=Zhang ping
Sex=M
Score=78.500000
Number=102
Name=Zhang ping
Sex=M
Score=78.500000
Number=102
Name=Zhang ping
Sex=M
Score=78.500000
```

在上面程序中定义了一个结构 stu，定义了 stu 类型结构变量 boy1 并进行了初始化赋值，还定义了一个指向 stu 类型结构的指针变量 pstu。在 main()主函数中，pstu 被赋予 boy1 的地址，因此 pstu 指向 boy1。然后在 printf 语句内使用 3 种形式输出 boy1 的各个成员值。从运行结果可以看出：

```
结构体变量.成员名
(*结构体指针变量).成员名
结构体指针变量->成员名
```

这 3 种用于表示结构体成员的形式是完全等价的。

2. 指向结构体数组的指针

指针变量可以指向一个结构体数组，这时结构体指针变量的值是整个结构体数组的首地址。结构体指针变量也可以指向结构体数组的一个元素，这时结构体指针变量的值是该结构体数组元素的首地址。

假设 ps 为指向结构体数组的指针变量，ps 也指向该结构体数组的第 0 个元素，ps+1 指向第 1 个元素，ps+i 则指向第 i 个元素。这与普通数组的情况是一致的。

【例 9-7】指向结构体数组指针变量的使用，代码如下：

```
#include<stdio.h>
struct student
{   int num;
```

```
    char name[20];
    char sex;
    int age;
}stu[3]={{10101,"Li Lin",'M',18},
    {10102,"Zhang Fun",'M',19},
    {10104,"Wang Min",'F',20}};
void main()
{   struct student *p;
    for(p=stu; p<stu+3; p++)
        printf("%d  %s  %c  %d\n",p->num, p->name,  p->sex,p->age);
}
```

运行结果为：

```
10101  Li Lin  M  18
10102  Zhang Fun  M  19
10104  Wang Min  F  20
```

需要注意的是，一个结构体指针变量虽然可以用来访问结构体变量或结构体数组元素的成员，但是，不能使它指向一个成员。也就是说，不允许取一个成员的地址来赋予它。因此，下面的赋值是错误的。

```
ps=&boy[1].sex;
```

正确的赋值是：

```
ps=boy;//赋予数组首地址
```

或者：

```
ps=&boy[0];//赋予第0个元素首地址
```

> **注意：**
> （1）p->n：得到 p 指向的结构体变量中的成员 n 的值。
> （2）p->n++等价于(p->n)++：得到 p 指向的结构体变量中的成员 n 的值，用完该值后加 1。
> （3）++p->n 等价于++(p->n)：得到 p 指向的结构体变量中的成员 n 的值，并在使用该值前，先加 1。

3. 结构体指针变量作为函数参数

在 ANSI C 标准中允许使用结构体变量作为函数参数进行整体传送。但是这种传送要将全部成员逐个传送，特别是成员为数组时将会使传送的时间和空间开销很大，极大地降低了程序的运行效率。因此最好的办法就是使用指针，即使用指针变量作为函数参数进行传送。这时由实参传向形参的只是地址，从而减少了时间和空间的开销。

【例 9-8】有 N 个结构体变量 stu，包括学生学号、姓名和 3 门课程的成绩，要求输出平均成绩最高的学生的信息（包括学号、姓名、3 门课程的成绩和平均成绩），代码如下：

```
#include <stdio.h>
#define N 3
struct student
{ int num;
  char name[20];
  float score[3];
  float aver;
};
void main()
{ void input(struct student *stu);
  struct student max(struct student *stu);
```

```
    void print(struct student stu);
    struct student stu[N],*p=stu;
    input(p);
    print(max(p));
}
void input(struct student *stu)
{  int i;
   for(i=0;i<N;i++)
     {scanf("%d %s %f %f %f",
     &stu[i].num,stu[i].name,&stu[i].score[0],&stu[i].score[1],&stu[i].score[2]);
     stu[i].aver=(stu[i].score[0]+stu[i].score[1]+stu[i].score[2])/3.0;
     }
}
struct student max(struct student *stu)
{  int i,m=0;
   for(i=0;i<N;i++)
     if (stu[i].aver>stu[m].aver) m=i;
   return stu[m];
}
void print(struct student stud)
{printf("学号：%d\n 姓名：%s\n 三门课程的成绩：%5.1f,%5.1f,%5.1f\n 平均成绩:%6.2f\n",
  stud.num,stud.name, stud.score[0], stud.score[1], stud.score[2], stud.aver);
}
```

运行结果为：

```
1001
张三
78.5 98 35.6
1002
李四
89.5 93.5 76
1003
王五
66 82 75
学号：1002
姓名：李四
三门课程的成绩：89.5, 93.5, 76.0
平均成绩：86.33
```

9.2 共用体

9.2.1 共用体的定义

共用体和结构体类似，也是一种由用户自定义的数据类型，也可以由若干种数据类型组成，组成共用体数据的若干数据也称为成员。和结构体不同的是，共用体数据中所有成员占用相同的内存空间（以需要内存空间最大的成员的要求为准）。设置这种数据类型的主要目的就是节省内存。

共用体需要用户在程序中自己定义，然后才能使用这种数据类型来定义相应的变量、数组、指针等。

共用体定义的语法格式如下：

```
union 共用体名
    {
数据类型 1     成员名 1;
数据类型 1     成员名 1;
…
数据类型 n     成员名 n;
    };
```

其中 union 是关键字，共用体成员的数据类型可以是 C 语言所允许的任何数据类型，在花括号外的分号表示共用体定义结束。例如：

```
union utype
int i; char ch; long 1; char c[4];
    };
```

在这里定义了一个 union utype 共用体，它包括 4 个不同类型的成员，这些成员将占用相同的内存空间。

需要注意的是，共用体数据中每个成员所占用的内存单元都是连续的，而且都是从分配的连续内存单元中的第一个内存单元开始存放。所以，对共用体数据来说，所有成员的首地址 都是相同的，这是共用体数据的一个特点。

9.2.2 共用体变量的定义和使用

1. 共用体变量的定义

共用体变量的定义与结构体变量的定义相似，包括以下 3 种形式。

第一种形式：

```
union 共用体名 变量名表;
```

第二种形式：

```
union 共用体名 {
成员表;
}变量名表;
```

第三种形式：

```
union
{
成员表;
}变量名表;
```

例如：

```
union utype {
int i;
char ch;
long l;
char c[4];
}a,b,c;
```

这样变量 a、b、c 就被定义为一种共用体变量，所占内存空间各为 4 字节，它的 4 个成员根据自己的需要共享这个空间。

2. 共用体变量成员的引用

与结构体变量类似，共用体成员的引用也有以下 3 种形式。例如：

```
union u
{char u1;
int u2;
}x, *p=&x;
```

x 变量成员引用的 3 种形式为:

```
x.u1,    x.u2
(*p) .u1,    (*p) .u2
p->u1,p->u2
```

3．共用体变量赋初值

共用体变量也可以在定义时直接进行初始化，但这个初始化只能对第一个成员进行。

【例 9-9】共用体变量赋初值的应用，代码如下:

```
#include<stdio.h>
union  int_char
{   int i;
    char ch[2];
}x;
main()
{
   x.i=24897;
   printf("i=%o\n",x.i);
   printf("ch0=%o,ch1=%o\nch0=%c,ch1=%c\n",
       x.ch[0],x.ch[1],x.ch[0],x.ch[1]);
}
```

运行结果为:

```
i=60501
ch0=101,ch1=141
ch0=A,ch1=a
```

9.3　链表

9.3.1　动态存储分配

在第 6 章已经介绍过数组的长度是预先定义好的，在整个程序中固定不变。在 C 语言中不允许出现动态数组类型。

例如:

```
int n;
scanf("%d",&n);
int a[n];
```

利用变量表示长度，想对数组的大小进行动态说明，这是错误的。但是在实际的编程中，往往会发生这种情况，即所需的内存空间取决于实际输入的数据，而无法预先确定。对于这种问题，使用数组很难解决。为了解决上述问题，C 语言提供了一些内存管理函数，这些内存管理函数可以按需要动态地分配内存空间，也可以把不再使用的内存空间回收待用，为有效地利用内存资源提供了手段。

常用的内存管理函数有以下 3 个。

1. 分配内存空间函数 malloc()

语法格式如下：

```
(类型说明符*)malloc(size)
```

功能：在内存的动态存储区中分配一块长度为"size"字节的连续区域。函数的返回值为该区域的首地址。

"类型说明符"表示把该区域用于何种数据类型。

"(类型说明符*)"表示把返回值强制转换为该类型指针。

"size"是一个无符号数。

例如：

```
pc=(char *)malloc(100);
```

表示分配 100 字节的内存空间，并强制转换为字符数组类型，函数的返回值为指向该字符数组的指针，把该指针赋予指针变量 pc。

2. 分配内存空间函数 calloc()

语法格式如下：

```
(类型说明符*)calloc(n,size)
```

功能：在内存动态存储区中分配 n 块长度为"size"字节的连续区域。函数的返回值为该区域的首地址。

"(类型说明符*)"用于强制类型转换。

calloc()函数与 malloc()函数的区别仅在于一次可以分配 n 块区域。

例如：

```
ps=(struct stu*)calloc(2,sizeof(struct stu));
```

其中，sizeof(struct stu)是计算 stu 的结构长度。因此该语句的含义是：按 stu 的长度分配 2 块连续区域，强制转换为 stu 类型，并把其首地址赋予指针变量 ps。

3. 释放内存空间函数 free()

语法格式如下：

```
free(void*ptr);
```

功能：释放 ptr 所指向的一块内存空间，ptr 是一个任意类型的指针变量，它指向被释放区域的首地址。被释放区域应该是由 malloc()函数或 calloc()函数所分配的区域。

【例 9-10】分配一块区域，输入一个学生数据，代码如下：

```c
#include<stdio.h>
main()
{
    struct stu
    {
      int num;
      char *name;
      char sex;
      float score;
    }  *ps;
    ps=(struct stu*)malloc(sizeof(struct stu));
    ps->num=102;
    ps->name="Zhang ping";
```

```
        ps->sex='M';
        ps->score=62.5;
        printf("Number=%d\nName=%s\n",ps->num,ps->name);
        printf("Sex=%c\nScore=%f\n",ps->sex,ps->score);
        free(ps);
}
```

运行结果为：

```
Number=102
Name=Zhang ping
Sex=M
Score=62.500000
```

在上面实例中，定义了结构 stu，定义了 stu 类型指针变量 ps。然后分配一块 stu 内存区域，并把首地址赋予 ps，使 ps 指向该区域。再以 ps 为指向结构的指针变量对各成员赋值，并使用 printf 语句输出各成员值。最后使用 free()函数释放 ps 指向的内存空间。整个程序包含了申请内存空间、使用内存空间、释放内存空间 3 个步骤，实现存储空间的动态分配。

9.3.2　链表的概念

在例 9-10 中采用了动态分配的方法为一个结构分配内存空间。每一次分配一块内存空间可以用来存放一个学生的数据，我们称为一个节点。有多少个学生就应该申请分配多少块内存空间，也就是说要建立多少个节点。当然使用结构数组也可以完成上述工作，如果预先不能准确把握学生人数，也就无法确定数组大小。而且当学生留级、退学之后也不能把该元素占用的空间从数组中释放出来。

使用动态存储的方法可以很好地解决这些问题。有一个学生只分配一个节点，无须预先确定学生的准确人数，某学生退学，可删去该节点，并释放节点点占用的存储空间。从而节约了宝贵的内存资源。另外，使用数组的方法必须占用一块连续的内存区域。而使用动态分配时，每个节点之间可以是不连续的（节点内是连续的）。节点之间的联系可以用指针实现。即在节点结构中定义一个成员项用来存放下一节点的首地址，这个用于存放地址的成员，常把它称为指针域。

用户可以在第一个节点的指针域内存入第 2 个节点的首地址，在第 2 个节点的指针域内又存放第 3 个节点的首地址，如此串联下去直到最后一个节点。最后一个节点因无后续节点连接，其指针域可赋值为 0。这样一种连接方式，在数据结构中称为"链表"。

如图 9-3 所示为最简单链表的示意图。

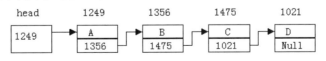

图 9-3　最简单链表的示意图

在图 9-3 中，第 0 个节点称为头节点，它存放着第 1 个节点的首地址，它没有数据，只是一个指针变量。以下的每个节点都分为两个域：一个是数据域，存放各种实际的数据，如学号 num、姓名 name、性别 sex 和成绩 score 等。另一个域是指针域，存放下一节点的首地址。链表中的每一个节点都是同一种结构类型。

例如，一个存放学生学号和成绩的节点应为以下结构：

```
struct stu
{ int num;
  int score;
  struct stu *next;
}
```

前两个成员项组成数据域，后一个成员项 next 构成指针域，它是一个指向 stu 类型结构的指针变量。

9.3.3 链表的基本操作

对链表主要有以下几种操作。

（1）创建链表是指从无到有地建立起一个链表，即往空链表中依次插入若干节点，并保持节点之间的前驱和后继关系。

（2）检索操作是指按给定的节点索引号或检索条件查找某个节点。如果找到指定的节点，则称为检索成功；否则称为检索失败。

（3）插入操作是指在链表中增加一个新节点，使线性表的长度加 1，并且保持原有逻辑关系。

（4）删除操作是指在链表中删除一个节点，使线性表的长度减 1，并且保持原有逻辑关系。

下面通过实例来说明这些操作。

1. 简单链表的建立

【例 9-11】将已经赋值的结构变量 student1 和 student2 连接起来，构成一个具有 2 个节点的单链表，代码如下：

```
#include <stdio.h>
struct student
{    char number[10];
     char name[8];
     char department[20];
     struct student  *next;
};
main()
{    struct student student1={"M43000148","egg","计算机系"},
     student2={"M43000101","csc","计算机系"},*head,*p;
     head=&student1;
     student1.next=&student2; //指向下一个学生信息存放的首地址
     student2.next=NULL;
     p=head;
     while(p)
{ printf("学号： %s\n 姓名： %s\n 所在系： %s\n",
p->number,p->name,p->department);
     p=p->next;
    }
}
```

运行结果为：

```
学号：M43000148
姓名：egg
所在系:计算机系
学号：M43000101
姓名：csc
所在系：计算机系
```

2．动态申请节点，建立单链表

动态申请节点，建立单链表有两个关键问题：第一，节点的存储空间必须是由程序来请求分配；第二，节点之间必须形成链状。

建立单链表算法如下。

（1）建立头节点：指针 p 指向向系统申请的第 1 个节点，输入节点数据域的数据；头指针 head 和尾指针 last 指向头节点。头指针 head 指向链表的头节点，作为函数返回值。

（2）在头节点后增加第 2 个节点、第 3 个节点。p 指向申请的第 2 个节点，使用 last->next=p 实现连接第 2 个节点；last=p，last 指向第 2 个节点。

p 指向申请的第 3 个节点，用 last->next=p 实现连接第 3 个节点；last=p，last 指向第 3 节点。

（3）当 last 指向链表的尾节点时，last->next=NULL。

【例 9-12】用动态存储分配函数，动态申请节点，建立单链表程序，代码如下：

```c
#include <stdio.h>
struct student
{   char number[9] ,name[8] ,department[20];
    struct student *next;
};
main()
{ struct student *head=NULL,*p,*last;
  char Is_exit;
  while(1)
  { p=(struct student *)malloc(sizeof(struct student));
    if(p==NULL)
       continue; //如果申请失败，继续申请直到成功为止
    printf("学号: ");
    gets(p->number);
    printf("姓名:");
    gets(p->name);
    printf("所在系:");
    gets(p->department);
    p->next=NULL;
    if (head== NULL)
       { head=p; last=p; }
    else  { last->next=p; last=p; }
    printf("是否继续录入数据: (Y/N)");
    scanf(" %c",&Is_exit);getchar();
    if (Is_exit=='y'|| Is_exit=='Y') continue;
    else break;
  }
  last->next= NULL;
}
```

运行结果为：

```
学号：1001
姓名：张三
所在系:计算机
是否继续录入数据：(Y/N)y
学号：1002
姓名：赵四
所在系:机械
是否继续录入数据：(Y/N)y
学号：1003
姓名：王五
所在系:电子
是否继续录入数据：(Y/N)n
```

3．删除一个节点

基本思路：通过单链表的头指针，顺着节点的指针域找到要删除的节点，将该节点从单链表中断开。

删除第 n 个节点的操作步骤如下，其过程如图 9-4 所示。

（1）p=head，q 指针指向 p 所指节点的前一个节点。

（2）i 为访问过的节点数目。

（3）i++，q=p，p=p->next，p、q 移动一个节点。

（4）如果 p!=NULL 且 i<n-1，则重复（3）。

（5）如果 n==1，则删除第 1 个节点，将下一个节点作为链表头节点。

```
head=head->next;
```

（6）如果 head==NULL，则链表为空，不能删除。

（7）如果 p==NULL，则第 n 个节点不存在，不能删除。

（8）找到第 n 个节点，删除 p 节点 q->next=p->next；p 的前一个节点的 next 值赋值为 p 的 next 域；释放 p 节点 free(p)。

（9）返回 head。

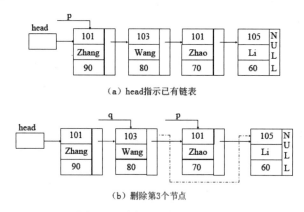

（a）head指示已有链表

（b）删除第3个节点

图 9-4　删除第 n 个节点的过程

4．插入一个新节点

在第 n 个节点之后插入一个新节点的操作步骤如下，其过程如图 9-5 所示。

（1）q 指针指向新节点，i 为已访问过的节点数。

（2）p=head，r 指向 p 节点的前一个节点。

（3）i++，r=p，p=p->next，p 节点往前移动一个节点。

（4）如果 i<n 且 p!=NULL，则重复（3）

（5）如果 i==0，则链表为空，没有节点，q 节点作为链表的第 1 个节点插入 q->next=head，head=q。

（6）如果 i<n 且 p==NULL，则链表不足 n 个，将 q 节点插入链表尾 r 节点之后，r->next=q，q->next=NULL。

（7）否则，将 q 节点插入第 n 个节点之后，即插入 r 节点与 p 节点之间，r->next=q，q->next=p。

（8）返回 head。

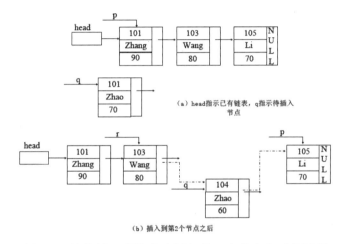

图 9-5　将指针 q 所指节点插入第 n 个节点之后的过程

9.4　枚举类型

在实际问题中，有些变量的取值被限定在一个有限的范围内。例如，一个星期内只有 7 天，一年只有 12 个月，一个班级每周有 6 门课程等。如果把这些量定义为整型，字符型或其他类型显然是不妥当的。为此，C 语言提供了一种枚举类型。在枚举类型的定义中列举出所有可能的取值，被定义为该枚举类型的变量取值不能超过定义的范围。需要注意的是，枚举类型是一种基本数据类型，而不是一种构造类型，因为它不能再分解为任何基本类型。

9.4.1　枚举类型的定义和枚举变量的说明

1. 枚举类型的定义

枚举类型定义的语法格式如下：

```
enum 枚举名 { 枚举值表 };
```

在枚举值表中应该列出所有可用值，这些值也被称为枚举元素。

例如：

```
enum weekday{ sun,mou,tue,wed,thu,fri,sat };
```

该枚举名为 weekday，枚举值有 7 个，即一周中的 7 天。凡被定义为 weekday 类型变量的取值只能是 7 天中的某一天。

2．枚举变量的定义

如同结构体和共用体一样，枚举变量也可以使用不同的方式定义，即先定义类型后再定义变量，也可以同时定义类型和变量。

设有变量 a、b、c 被定义为上述的 weekday，可以使用下面任意一种方式定义：

```
enum weekday{ sun,mou,tue,wed,thu,fri,sat };
enum weekday a,b,c;
```

或者：

```
enum weekday{ sun,mou,tue,wed,thu,fri,sat }a,b,c;
```

或者：

```
enum { sun,mou,tue,wed,thu,fri,sat }a,b,c;
```

9.4.2　枚举变量的赋值和使用

枚举类型在使用时有以下规定。

（1）枚举值是常量，不是变量。不能在程序中使用赋值语句再对它赋值。

例如，对枚举 weekday 的元素再进行以下赋值：

```
sun=5;
mon=2;
sun=mon;
```

都是错误的。

（2）枚举元素本身由系统定义了一个表示序号的数值，从 0 开始顺序定义为 0、1、2…。例如，在 weekday 中，sun 值为 0，mon 值为 1，…，sat 值为 6。

【例 9-13】 枚举元素的值，代码如下：

```
#include<stdio.h>
main()
{
    enum weekday
    { sun,mon,tue,wed,thu,fri,sat } a,b,c;
    a=sun;
    b=mon;
    c=tue;
    printf("%d,%d,%d\n",a,b,c);
}
```

说明：

（1）只能把枚举值赋予枚举变量，不能把元素的数值直接赋予枚举变量。例如：

```
    a=sum;
    b=mon;
```

是正确的。而：

```
    a=0;
    b=1;
```

是错误的。

如果一定要把元素的数值赋予枚举变量，则必须使用强制类型转换。例如：

```
a=(enum weekday)2;
```

其意义是将顺序号为 2 的枚举元素赋予枚举变量 a，等价于：

```
a=tue;
```

（2）枚举元素既不是字符常量，也不是字符串常量，在使用时不要添加单引号、双引号。

【例 9-14】"剪刀、石头、布"游戏，代码如下：

```
#include <stdio.h>
enum Choice {ROCK, CLOTH, SCISS};
enum Winner {Play1, Play2, Tie};
main()
{   int n;
  enum Choice cho1, cho2;
  enum Winner winner;
  printf("Choose rock (0), cloth (1), or Sciss (2):\n");
  printf("Player No. 1: ");
  scanf("%d",&n);
  cho1 = (enum Choice)n;
  printf("Player No. 2: ");
  scanf("%d",&n);
  cho2 = (enum Choice)n;
  if (cho1 == cho2) winner = Tie;
  else if (cho1 == ROCK)
     if (cho2 == CLOTH)    winner = Play2;
     else winner = Play1;
  else if (cho1 == CLOTH)
     if (cho2 == SCISS)    winner = Play2;
     else winner = Play1;
  else
     if (cho2 == ROCK)    winner = Play2;
     else winner = Play1;
  if (winner == Tie)        printf("\tTied!\n");
  else if (winner == Play1)    printf("\tPlayer No. 1 wins.\n");
  else    printf( "\tPlayer No. 2 wins.\n");
}
```

运行结果为：

```
Choose rock (0), cloth (1), or Sciss (2):
Player No. 1: 0
Player No. 2: 1
Player No. 2 wins.
```

9.5 用 typedef 定义类型

C 语言不仅提供了丰富的数据类型，而且还允许由用户定义类型说明符，也就是说允许由用户为数据类型取"别名"。类型定义符 typedef 即可用来完成此功能。例如，有整型量 a、b，其说明如下：

```
int a,b;
```

其中，int 是整型变量的类型说明符。int 的完整写法为 INTEGER，为了增加程序的可读性，可以把整型说明符使用 typedef 定义为：

```
typedef int INTEGER
```

这样以后就可以使用 INTEGER 来代替 int 作为整型变量的类型说明符了。

例如：

```
INTEGER a,b;
```

等价于：

```
int a,b;
```

使用 typedef 定义数组、指针、结构等类型将会带来很大的方便，不仅使程序书写简洁，而且使程序的含义更为明确，从而增强了程序的可读性。

例如：

```
typedef char NAME[20];
```

NAME 表示字符数组类型，字符数组长度为 20。可以使用 NAME 定义变量，例如：

```
NAME a1,a2,s1,s2;
```

等价于：

```
char a1[20],a2[20],s1[20],s2[20]
```

又如：

```
typedef struct stu
{ char name[20];
  int age;
  char sex;
  } STU;
```

STU 表示 stu 的结构类型，可以使用 STU 定义结构体变量，例如：

```
STU body1,body2;
```

typedef 定义的语法格式如下：

```
typedef 原类型名  新类型名
```

其中，原类型名中含有定义部分，新类型名一般使用大写字母表示，以便于区别。

> **注意：**
> （1）typedef 没有创建新数据类型。
> （2）typedef 是定义类型，不能定义变量。
> （3）有时也可以使用宏定义来代替 typedef 的功能，但是宏定义是由预处理完成的，而 typedef 则是在编译时完成的，后者更为灵活、方便。

typedef 定义类型步骤如下。

（1）按定义变量方法先写出定义体。例如，"int i;"。

（2）将变量名换成新类型名。例如，"int INTEGER;"。

（3）最前面添加 typedef。例如，"typedef int INTEGER;"。

（4）使用新类型名定义变量。例如，"INTEGER i,j;"。

9.6 常见错误

1. 结构类型定义丢失分号

例如：

```
struct date
```

```
{ int year ;
int month ;
int day ;
}
```

这里右侧花括号的后面少了一个分号，这种错误是因为习惯了复合语句的右侧花括号后面不添加分号造成的。这在编译时系统将会指出错误，但不一定告诉用户哪里少了一个分号。这种情况同样可能出现在定义共用体或枚举类型时。

2. 把结构名当作变量名

例如：

```
struct date
{ int year ;
 int month ;
 int day ;
}
…
date.year = 1993;
date.month = 7;
date.day=15;
```

这里的 3 个赋值语句是错误的，date 是结构类型名而不是变量名，只有变量才能够被赋值，而结构类型名只表示一种具体的类型，它不是变量，也没有自己的存储空间。对于上面的问题可以先定义结构体变量，再引用结构体变量的成员。例如：

```
struct date d ;
d.year = 1993 ;
d.month = 7 ;
d.day = 15;
```

3. 在定义结构体变量时丢失 struct

例如：

```
struct date
 {int year ;
int month ;
int day ;
} ;
date d ;
```

这里定义 d 时少写了 struct。C 语言规定，在定义结构体变量时不能只写结构类型名而不写 struct。

4. 在定义结构体变量时只写 struct

例如：

```
struct x1, x2 ;
```

这是错误的，C 语言中的结构并不是只有一种类型，而是随用户定义成各种结构类型，struct 只表示是结构类型，并没有指出是哪一种具体的结构类型。

5. 结构类型定义在一个函数内，而其他函数中要定义这种结构的变量

例如：

```
main()
{
struct date
{ int year;
```

```
 int month ;
int day ;
};
…
}
int f()
{struct date d1,d2 ;
…
}
```

在编译时会指出 f()函数中的 date 没有被定义。需要注意的是，结构类型名也是标识符，函数中定义的标识符的作用域是它所处的函数，在这个函数外是不可见的，所以在 f()函数中 date 并没有被定义。一般我们总倾向把各种类型的定义写在程序开始，即所有函数之外，这样在每个函数中就都可以定义这些类型的变量了。

课后习题

一、选择题

1. C 语言结构体变量在程序运行期间_____。

    A. 在内存中仅仅开辟一个存放结构体变量地址的单元

    B. 所有的成员一直驻留在内存中

    C. 只有最开始的成员驻留在内存中

    D. 部分成员驻留在内存中

2. 下面各数据类型不属于构造类型的是_____。

    A. 枚举类型   B. 共用体类型   C. 结构类型   D. 数组类型

3. 当定义一个结构体变量时系统分配给它的内存是_____。

    A. 各成员所需内存容量的总和

    B. 结构中第一个成员所需内存容量

    C. 成员中占内存量最大者所需的容量

    D. 结构中最后一个成员所需内存容量

4. 有以下定义语句：

```
typedef struct
{ int n;
char ch[8];
} PER;
```

下面叙述正确的是_____。

    A. PER 是结构体变量名   B. PER 是结构体类型名

    C. typedef struct 是结构体类型   D. struct 是结构体类型名

5. 有以下定义：

```
struct a{char x; double y;}data,*t;,
```

如果 t=&data 则对 data 中的成员的正确引用是_____。

    A. (*t).data.x   B. (*t).x   C. t->data.x   D. t.data.x

6. 下面程序的运行结果是_____

```
#include "stdio.h"
main()
{ struct date
{ int year,month,day; } today;
printf("%d\n",sizeof(struct date));
}
```

  A. 6　　　　　　　B. 8　　　　　　　C. 10　　　　　　　D. 12

7. 有以下定义：

```
struck sk
{ int a;
float b;
} data;
int *p;
```

如果想要使 P 指向 data 中的 a 域，则正确的赋值语句是_____。

  A. p=&a;　　　　B. p=data.a;　　　C. p=&data.a;　　　D. *p=data.a;

8. 下面对结构体变量的定义不正确的是_____。

  A. typedef struct aa

   { int n;

   float m;

   } AA;

   AA td1;

  B. #define AA struct aa

   AA { int n;

   float m;

   } td1;

  C. struct

   { int n;

   float m;

   } aa;

   struct aa td1;

  D. struct

   { int n;

   float m;

   } td1;

9. 有以下定义：

```
struct test
{ int m1; char m2; float m3;
union uu { char u1[5]; int u2[2];} ua;
} myaa;
```

sizeof(struct test)的值是_____。

  A. 12　　　　　　　B. 16　　　　　　　C. 14　　　　　　　D. 18

10. 下面程序的运行结果是_____。

```
struct st
```

```
{ int x; int *y;} *p;
int dt[4]={10,20,30,40};
struct st aa[4]={ 50,&dt[0],60,&dt[0],60,&dt[0],60,&dt[0]};
main()
{ p=aa;
printf("%d\n",++(p->x));
}
```

  A．10   B．11   C．51   D．60

11．阅读下面程序，其运行结果是_____。

```
#include
main()
{ structa{int x; int y; } num[2]={{20,5},{6,7}};
printf("%d\n",num[0].x/num[0].y*num[1].y);
}
```

  A．0   B．28   C．20   D．5

12．已知学生记录描述为：

```
struct student
{ int no;
char name[20],sex;
struct
{ int year,month,day;
} birth;
};
struct student s;
```

假设变量 s 中的"生日"是"1984 年 11 月 12 日"，对"birth"正确赋值的语句是

_____。

  A．year=1984;month=11;day=12;

  B．s.year=1984;s.month=11;s.day=12;

  C．birth.year=1984;birth.month=11;birth.day=12;

  D．s.birth.year=1984;s.birth.month=11;s.birth.day=12;

13．有以下定义：

```
struct person{char name[9];int age;};
struct person class[10]={"John",17,"paul",19,"Mary",18,"Adam",16,};
```

根据上述定义，能输出大写字母 M 的语句是_____。

  A．printf("%c\n",class[3].name);   B．printf("%c\n",class[3].name[1]);

  C．printf("%c\n",class[2].name[1]);   D．printf("%c\n",class[2].name[0]);

14．下面程序的运行结果是_____。

```
struct abc
{ int a, b, c, s; };
main()
{ struct abc s[2]={{1,2,3},{4,5,6}}; int t;
t=s[0].a+s[1].b;
printf("%d\n",t);
}
```

sizeof(struct aa)的值是_____。

  A．5   B．6   C．7   D．8

15. 有以下定义：

```
struct aa
{ int r1; double r2; float r3;
union uu{char u1[5];long u2[2];}ua;
} mya;
```

sizeof（struct aa）的值是_____。

  A．30   B．29   C．24   D．22

16. 有以下结构体说明和变量的定义，且指针 p 指向变量 a，指针 q 指向变量 b。不能把节点 b 连接到节点 a 后面的语句是_____。

```
struct node
{ char data;
struct node *next;
} a,b,*p=&a,*q=&b;
```

  A．a.next=q; B．p.next=&b; C．p->next=&b; D．(*p).next=q;

17. 已知函数的原形如下，其中结构体 a 为已经定义过的结构，且有下列变量定义

```
struct a *f(int t1,int *t2,strcut a t3,struct a *t4)
struct a p,*p1;int i;
```

在下面选项中，正确的函数调用语句是_____。

  A．&p=f(10,&i,p,p1);

  B．p1=f(i++,(int *)p1,p,&p);

  C．p=f(i+1,&(i+2),*p,p);

  D．f(i+1,&i,p,p);

18. 下面函数的功能是将指针 t2 所指向的线性链表，链接到 t1 所指向的链表的末尾。假设 t1 所指向的链表非空。

```
struct node{ float x;struct node *next;};
connect(struct node *t1, struct node *t2)
{ if(t1->next==NULL)t1->next=t2;
else connect(_____  ,t2); }
```

要实现此功能下画线处应该填入的选项是_____。

  A．t1.next B．++t1.next C．t1->next D．++t1->next

19. 有以下程序：

```
struct STU
{ char num[10]; float score[3];
};
main()
{    struct    STU    s[3]={{"20021",90,95,85},    {"20022",95,80,75},
{ "20023",100,95,90}}, *p=s;
int i; float sum=0;
for(i=0;i<3;i++)
sum=sum+p->score[i];
printf("%6.2f\n",sum);
}
```

程序的运行结果是_____。

  A．260.00 B．270.00 C．280.00 D．285.00

20．有以下程序：

```
#include
struct NODE
{ int num; struct NODE *next; };
main()
{ struct NODE *p,*q,*r;
p=(struct NODE*)malloc(sizeof(struct NODE));
q=(struct NODE*)malloc(sizeof(struct NODE));
r=(struct NODE*)malloc(sizeof(struct NODE));
p->num=10; q->num=20; r->num=30;
p->next=q;q->next=r;
printf("%d\n ",p->num+q->next->num);
}
```

程序的运行结果是_____。

   A．10   B．20   C．30   D．40

二、填空题

1．以下定义的结构体类型包含两个成员，其中成员变量 info 用来存放整型数据；成员变量 link 是指向自身结构体的指针，请填空。

```
struct node
{ int info;
_____ link;
};
```

2．下面的 set()函数用来创建一个带头节点的单向链表，新产生的节点总是插入在链表的末尾。单向链表的头指针作为函数值返回，请填空。

```
struct node{char data; struct node *next; };
struct node *set()
{ struct node *t1,*t2,*t3;
char ch;
t1=(struct node*)malloc(sizeof(struct node));
t3=t2=t1;
ch=getchar();
while(ch!='\n')
{ t2=_____ malloc(sizeof(struct node));
t2->data=ch;
t3->next=t2;
t3=t2;
ch=getchar();
}
t3->next='\0' ;
_____
}
```

3．有以下定义："struct aa{int a;float b;char c;}*p;"，需使用 malloc()函数动态申请一个 struct aa 类型大小的内存空间（由 p 指向），定义的语句为_____。

4．有以下说明和定义语句，变量 w 在内存中所占的字节数是_____。

```
union aa {float x; float y; char c[6]; };
struct st{ union aa v; float w[5]; double ave; } w;
```

5．下面程序的运行结果是_____。

```
#include "stdio.h"
struct ty
```

```
{ int data;
char c;
};
main()
{ struct ty a={30,'x'};
fun(a);
printf("%d%c",a.data,a.c);
}
fun(struct ty b)
{ b.data=20;
b.c='y';
}
```

6. 下面程序的运行结果是_____。

```
main ()
{
union
{
long i;
int k;
unsigned char s;
}abc;
abc.i = 0x12345678;
printf ("%x\n",abc.k);
printf ("%x\n",abc.s);
}
```

7. 下面程序的运行结果是_____。

```
main ()
{
union mum{
struct {int x; int y; }in;
int a;
int b;
}n;
n.a=1;
n.b=2;
n.in.x=n.a*n.b;
n.in.y=n.a+n.b;
printf ("%d, %d\n", n.in.x, n.in.y);
}
```

8. 下面程序的运行结果是_____。（提示：c[0]在低字节，c[1]在高字节）

```
#include<stdio.h>
union p {
int i;
char c[2];
}x;
main ()
{
x.c[0] =13;
x.c[1] = 0;
printf ("%d\n", x.i);
}
```

9. 下面程序的运行结果是_____。

```
struct s
```

```
{
int n;
int *m;
}*p;
int d[5]={10,20,30,40,50};
struct s arr[5]={100,&d[0], 200,&d[1],300,&d[2],400,&d[3],500,&d[4]};
#include<stdio.h>
 main()
{
p=arr;
printf("%d\n",++p->n);
printf("%d\n",(++p)->n);
printf("%d\n",*(*p).m);
}
```

10. 下面程序的运行结果是_____。

```
struct stru
{
int x;
char c;
};
main ()
{
struct stru a={10, 'x'};
func(a);
printf("%d,%c\n",a.x,a.c);
}
func(struct stru b)
{
b.x=20;
b.c='y';
```

三、编程题

1. 有 1000 个学生，每个学生的数据包括学号、姓名、3 门课程的成绩。从键盘输入数据，要求按各个学生的 3 门课程平均成绩，从高分到低分输出这 1000 个学生的学号、姓名及个人平均成绩。

2. 定义一个表示日期的结构体变量，定义一个 days()函数，计算当日是本年的第几天，并编写 main()主函数调用 days()函数实现其功能。

3. 编写程序，实现从键盘输入一个 int 型整数，再将其前两个字节和后两个字节分别作为两个 short 型整数输出（提示：使用共用体实现）。

4. 编写程序，利用结构体数组创建包含 5 个人的通讯录，包括姓名、地址和电话号码。能根据从键盘输入的姓名，输出该姓名及对应的电话号码。

5. 编写程序，要求利用结构体数组实现从键盘输入 3 个人的姓名和年龄，并输出最年长者的姓名和年龄。

C 语言 ASCII 码表

ASCII 值	控制字符	ASCII 值	控制字符	ASCII 值	控制字符	ASCII 值	控制字符
0	NUT	32	(space)	64	@	96	、
1	SOH	33	!	65	A	97	a
2	STX	34	"	66	B	98	b
3	ETX	35	#	67	C	99	c
4	EOT	36	$	68	D	100	d
5	ENQ	37	%	69	E	101	e
6	ACK	38	&	70	F	102	f
7	BEL	39	'	71	G	103	g
8	BS	40	(	72	H	104	h
9	HT	41	)	73	I	105	i
10	LF	42	*	74	J	106	j
11	VT	43	+	75	K	107	k
12	FF	44	,	76	L	108	l
13	CR	45	–	77	M	109	m
14	SO	46	.	78	N	110	n
15	SI	47	/	79	O	111	o
16	DLE	48	0	80	P	112	p
17	DCI	49	1	81	Q	113	q
18	DC2	50	2	82	R	114	r
19	DC3	51	3	83	X	115	s
20	DC4	52	4	84	T	116	t
21	NAK	53	5	85	U	117	u
22	SYN	54	6	86	V	118	v
23	ETB	55	7	87	W	119	w
24	CAN	56	8	88	X	120	x
25	EM	57	9	89	Y	121	y
26	SUB	58	:	90	Z	122	z
27	ESC	59	;	91	[	123	{
28	FS	60	<	92	\	124		
29	GS	61	=	93	]	125	}
30	RS	62	>	94	^	126	~
31	US	63	?	95	–	127	DEL

C语言运算符优先级

优先级	运算符	名称或含义	使用形式	结合方向	说明
1	[]	数组下标	数组名[常量表达式]	自左向右	
	()	圆括号	(表达式)/函数名(形参表)		
	.	成员选择（对象）	对象.成员名		
	->	成员选择（指针）	对象指针->成员名		
2	-	负号运算符	-表达式	自右向左	单目运算符
	(类型)	强制类型转换	(数据类型)表达式		
	++	自增运算符	++变量名/变量名++		单目运算符
	--	自减运算符	--变量名/变量名--		单目运算符
	*	取值运算符	*指针变量		单目运算符
	&	取地址运算符	&变量名		单目运算符
	!	逻辑非运算符	!表达式		单目运算符
	~	按位取反运算符	~表达式		单目运算符
	sizeof	长度运算符	sizeof(表达式)		
3	/	除	表达式/表达式	自左向右	双目运算符
	*	乘	表达式*表达式		双目运算符
	%	余数（取模）	整型表达式/整型表达式		双目运算符
4	+	加	表达式+表达式	自左向右	双目运算符
	-	减	表达式-表达式		双目运算符
5	<<	左移	变量<<表达式	自左向右	双目运算符
	>>	右移	变量>>表达式		双目运算符
6	>	大于	表达式>表达式	自左向右	双目运算符
	>=	大于或等于	表达式>=表达式		双目运算符
	<	小于	表达式<表达式		双目运算符
	<=	小于或等于	表达式<=表达式		双目运算符
7	==	等于	表达式==表达式	自左向右	双目运算符
	!=	不等于	表达式!= 表达式		双目运算符
8	&	按位与	表达式&表达式	自左向右	双目运算符
9	^	按位异或	表达式^表达式	自左向右	双目运算符
10	|	按位或	表达式|表达式	自左向右	双目运算符
11	&&	逻辑与	表达式&&表达式	自左向右	双目运算符
12	||	逻辑或	表达式||表达式	自左向右	双目运算符

优先级	运算符	名称或含义	使用形式	结合方向	说明
13	?:	条件运算符	表达式1? 表达式2: 表达式3	自右向左	三目运算符
14	=	赋值运算符	变量=表达式	自右向左	
	/=	除后赋值	变量/=表达式		
	*=	乘后赋值	变量*=表达式		
	%=	取模后赋值	变量%=表达式		
	+=	加后赋值	变量+=表达式		
	-=	减后赋值	变量-=表达式		
	<<=	左移后赋值	变量<<=表达式		
	>>=	右移后赋值	变量>>=表达式		
	&=	按位与后赋值	变量&=表达式		
	^=	按位异或后赋值	变量^=表达式		
	|=	按位或后赋值	变量|=表达式		
15	,	逗号运算符	表达式,表达式…	自左向右	自左向右顺序运算

C 语言常用函数

1. 数学函数

当调用数学函数时，要求在源文件中包括以下命令行：#include <math.h>。

函数原型说明	功　　能	返 回 值	说　　明
int abs(int x)	求整数 x 的绝对值	计算结果	
double fabs(double x)	求双精度实数 x 的绝对值	计算结果	
double acos(double x)	计算 $\cos^{-1}(x)$的值	计算结果	x 在-1~1 范围内
double asin(double x)	计算 $\sin^{-1}(x)$的值	计算结果	x 在-1~1 范围内
double atan(double x)	计算 $\tan^{-1}(x)$的值	计算结果	
double atan2(double x)	计算 $\tan^{-1}(x/y)$的值	计算结果	
double cos(double x)	计算 $\cos(x)$的值	计算结果	x 的单位为弧度
double cosh(double x)	计算双曲余弦 $\cosh(x)$的值	计算结果	
double exp(double x)	求 e^x 的值	计算结果	
double fabs(double x)	求双精度实数 x 的绝对值	计算结果	
double floor(double x)	求不大于双精度实数 x 的最大整数		
double fmod(double x,double y)	求 x/y 整除后的双精度余数		
double frexp(double val,int *exp)	把双精度 val 分解尾数和以 2 为底的指数 n，即 val=x×2n，n 存放在 exp 所指的变量中	返回位数 x $0.5 \leqslant x < 1$	
double log(double x)	求 ln x	计算结果	x>0
double log10(double x)	求 $\log_{10}x$	计算结果	x>0
double modf(double val,double *ip)	把双精度 val 分解成整数部分和小数部分，整数部分存放在 ip 所指的变量中	返回小数部分	
double pow(double x,double y)	计算 x^y 的值	计算结果	
double sin(double x)	计算 $\sin(x)$的值	计算结果	x 的单位为弧度
double sinh(double x)	计算 x 的双曲正弦函数 $\sinh(x)$的值	计算结果	
double sqrt(double x)	计算 $\sqrt{x}$	计算结果	$x \geqslant 0$
double tan(double x)	计算 $\tan(x)$	计算结果	
double tanh(double x)	计算 x 的双曲正切函数 $\tanh(x)$的值	计算结果	

2. 字符函数

当调用字符函数时，要求在源文件中包括以下命令行：#include <ctype.h>。

函数原型说明	功　　能	返　回　值
int isalnum(int ch)	检查 ch 是否为字母或数字	如果是，则返回 1；否则返回 0
int isalpha(int ch)	检查 ch 是否为字母	如果是，则返回 1；否则返回 0
int iscntrl(int ch)	检查 ch 是否为控制字符	如果是，则返回 1；否则返回 0
int isdigit(int ch)	检查 ch 是否为数字	如果是，则返回 1；否则返回 0
int isgraph(int ch)	检查 ch 是否为 ASCII 码值在 ox21 到 ox7e 的可打印字符（即不包含空格字符）	如果是，则返回 1；否则返回 0
int islower(int ch)	检查 ch 是否为小写字母	如果是，则返回 1；否则返回 0
int isprint(int ch)	检查 ch 是否为包含空格符在内的可打印字符	如果是，则返回 1；否则返回 0
int ispunct(int ch)	检查 ch 是否为除空格、字母、数字外的可打印字符	如果是，则返回 1；否则返回 0
int isspace(int ch)	检查 ch 是否为空格、制表或换行符	如果是，则返回 1；否则返回 0
int isupper(int ch)	检查 ch 是否为大写字母	如果是，则返回 1；否则返回 0
int isxdigit(int ch)	检查 ch 是否为十六进制数	如果是，则返回 1；否则返回 0
int tolower(int ch)	把 ch 中的大写字母转换成小写字母	返回对应的小写字母
int toupper(int ch)	把 ch 中的小写字母转换成大写字母	返回对应的大写字母

3. 字符串函数

当调用字符串函数时，要求在源文件中包括以下命令行：#include <string.h>。

函数原型说明	功　　能	返　回　值
char *strcat(char *s1,char *s2)	把字符串 s2 连接到字符串 s1 后面	字符串 s1 所指地址
char *strchr(char *s,int ch)	在 s 所指字符串中，找出字符 ch 第一次出现的位置	返回找到的字符的地址，如果找不到则返回 NULL
int strcmp(char *s1,char *s2)	对 s1 和 s2 所指字符串进行比较	当 s1<s2 时，返回负数；当 s1==s2 时，返回 0；当 s1>s2 时，返回正数
char *strcpy(char *s1,char *s2)	把 s2 指向的字符串复制到 s1 指向的空间	字符串 s1 所指地址
unsigned strlen(char *s)	求字符串 s 的长度	返回字符串中的字符（不计最后的'\0'）个数
char *strstr(char *s1,char *s2)	在 s1 所指字符串中，找出字符串 s2 第一次出现的位置	返回找到的字符串的地址，如果找不到则返回 NULL

4. 输入/输出函数

当调用输入/输出函数时，要求在源文件中包括以下命令行：#include <stdio.h>。

函数原型说明	功　　能	返　回　值
void clearer(FILE *fp)	清除与文件指针 fp 有关的所有出错信息	无
int fclose(FILE *fp)	关闭 fp 所指的文件，释放文件缓冲区	如果出错则返回非 0，否则返回 0
int feof (FILE *fp)	检查文件是否结束	如果文件结束则返回非 0，否则返回 0
int fgetc (FILE *fp)	从 fp 所指的文件中获取下一个字符	如果出错则返回 EOF，否则返回所读字符

函数原型说明	功 能	返 回 值
char *fgets(char *buf,int n, FILE *fp)	从 fp 所指的文件中读取一个长度为 n-1 的字符串，将其存入 buf 所指存储区	返回 buf 所指地址,如果文件结束或出错则返回 NULL
FILE *fopen(char *filename,char *mode)	以 mode 指定的方式打开名为 filename 的文件	如果成功则返回文件指针（文件信息区的起始地址），否则返回 NULL
int fprintf(FILE *fp, char *format, args,…)	把 args 的值以 format 指定的格式输出到 fp 指定的文件中	实际输出的字符数
int fputc(char ch, FILE *fp)	把 ch 中的字符输出到 fp 指定的文件中	如果成功则返回该字符，否则返回 EOF
int fputs(char *str, FILE *fp)	把 str 所指字符串输出到 fp 所指文件中	如果成功则返回非负整数，否则返回-1（EOF）
int fread(char *pt,unsigned size,unsigned n, FILE *fp)	从 fp 所指文件中读取长度 size 为 n 个数据项存入 pt 所指文件中	读取的数据项个数
int fscanf (FILE *fp, char *format,args,…)	从 fp 所指的文件中按 format 指定的格式把输入数据存入到 args 所指的内存中	已输入的数据个数，如果文件结束或出错则返回 0
int fseek (FILE *fp,long offer,int base)	移动 fp 所指文件的位置指针	如果成功则返回当前位置，否则返回非 0
long ftell (FILE *fp)	求出 fp 所指文件当前的读写位置	如果读写位置出错则返回 -1
int fwrite(char *pt,unsigned size,unsigned n, FILE *fp)	把 pt 所指向的 n×size 个字节输入到 fp 所指文件中	输出的数据项个数
int getc (FILE *fp)	从 fp 所指文件中读取一个字符	返回所读字符，如果出错或文件结束则返回 EOF
int getchar(void)	从标准输入设备读取下一个字符	返回所读字符，如果出错或文件结束则返回-1
char *gets(char *s)	从标准设备读取一行字符串放入 s 所指存储区，用'\0'替换读入的换行符	返回 s，如果出错则返回 NULL
int printf(char *format,args,…)	把 args 的值以 format 指定的格式输出到标准输出设备上	输出字符的个数
int putc (int ch, FILE *fp)	同 fputc()函数功能相同	同 fputc()函数的返回值相同
int putchar(char ch)	把 ch 输出到标准输出设备上	返回输出的字符，如果出错则返回 EOF
int puts(char *str)	把 str 所指字符串输出到标准设备上，将'\0' 转换为回车换行符	返回换行符，如果出错则返回 EOF
int rename(char *oldname,char *newname)	把 oldname 所指文件名更改为 newname 所指文件名	如果成功则返回 0，如果出错则返回-1
void rewind(FILE *fp)	将文件位置指针置于文件开头	无
int scanf(char *format,args,…)	从标准输入设备按 format 指定的格式把输入数据存入 args 所指的内存中	已输入数据的个数

5. 动态分配函数和随机函数

当调用动态分配函数和随机函数时，要求在源文件中包括以下命令行: #include <stdlib.h>。

函数原型说明	功　　能	返　回　值
void *calloc(unsigned n,unsigned size)	分配 n 个数据项的内存空间，每个数据项的大小为 size 字节	分配内存单元的起始地址；如果不成功，则返回 0
void *free(void *p)	释放 p 所指的内存空间	无
void *malloc(unsigned size)	分配 size 字节的内存空间	分配内存空间的地址；如果不成功，则返回 0
void *realloc(void *p,unsigned size)	把 p 所指内存空间的大小改为 size 字节	新分配内存空间的地址；如果不成功，则返回 0
int rand(void)	产生 0～32767 的随机整数	返回一个随机整数
void exit(int state)	程序终止执行，返回调用过程，当 state 为 0 时表示程序正常终止，当 state 为非 0 时表示程序非正常终止	无

反侵权盗版声明

　　电子工业出版社依法对本作品享有专有出版权。任何未经权利人书面许可，复制、销售或通过信息网络传播本作品的行为；歪曲、篡改、剽窃本作品的行为，均违反《中华人民共和国著作权法》，其行为人应承担相应的民事责任和行政责任，构成犯罪的，将被依法追究刑事责任。

　　为了维护市场秩序，保护权利人的合法权益，我社将依法查处和打击侵权盗版的单位和个人。欢迎社会各界人士积极举报侵权盗版行为，本社将奖励举报有功人员，并保证举报人的信息不被泄露。

举报电话：（010）88254396；（010）88258888

传　　真：（010）88254397

E-mail: dbqq@phei.com.cn

通信地址：北京市万寿路173信箱
　　　　　电子工业出版社总编办公室

邮　　编：100036